LA ÓPTICA DE EUCLIDES

Comentada y prologada por
Joaquín Vidal López

ARAS
CATHEDRA

PRÓLOGO

Introducción

Euclides fue un matemático que vivió en torno al año 300 a.C. Es muy probable que colaborara con el Museo de Alejandría bajo el reinado de Ptolomeo I, y se dedicó a dar lecciones de matemáticas a todas las personas interesadas en aprender, sin buscar una aplicación inmediata a los conocimientos. Poco más se sabe de su biografía. Algunos autores árabes afirman que nació en Tiro (al Sur del actual Líbano) y que vivió en Damasco (Cortés Gallego, 1994), aunque esta información no ha podido ser confirmada (Heath, 1956).

Cuando un alumno le preguntó que para qué servía lo que estaba explicando, cuenta la leyenda que Euclides le dijo a un esclavo: "Dale un óbolo[1] a este desdichado, porque cree que debe ganar para aprender" (Levi, 2003).

Se cree que pudo estudiar en la Academia de Platón, aunque en un periodo posterior a la muerte de este. Por ello, el Euclides que aparece en el Fedón de Platón se refiere a un filósofo socrático que vivió unos 100 años antes de Euclides de Alejandría. El primero fundó la escuela megárica, por eso se le conoce como Euclides de Mégara, el segundo se llama Euclides de Alejandría,

[1] Moneda pequeña que equivaldría en la actualidad a unos céntimos y que se solía dar como limosna.

o solamente Euclides. Este será el autor al que nos referiremos a lo largo del presente libro.

Euclides de Alejandría escribió y recopiló importantes obras sobre geometría, aritmética y perspectiva, entre ellos: *Elementos*, *Datos*, *Sobre las Divisiones o Figuras*, *Porismos*, *Cónicos*, *Óptica* y *Elementos de Música*. Solamente se han conservado algunas de estas obras. Hay otro tratado atribuido con frecuencia a Euclides que lleva por nombre *Catadrióptica*, pero hoy en día existe un relativo consenso en que fue escrita por Teón de Alejandría (c. 335-405 d.C.) (Heath, 1956).

La principal obra de Euclides lleva por título *Elementos*. Se trata del libro más leído y estudiado en la historia después de la Biblia. En él se recopilan y sistematizan los conocimientos geométricos del tiempo de Euclides (Levi, 2003). La gran aportación de este autor fue la de realizar una síntesis de tres siglos de pensamiento matemático griego en una única obra (Pla i Carrera, 2012). En concreto, en sus obras, Euclides introdujo el método axiomático, que consiste en empezar realizando un listado de conceptos básicos (Definiciones) para seguir con una serie de postulados (Proposiciones) que se deducen de los primeros. La axiomática sigue siendo un método de gran aplicación en matemáticas y en física, porque permite formular ideas de manera económica y se puede determinar si contienen coherencia lógica. También permite realizar deducciones de manera rápida y sencilla. Por último, mediante su uso es posible encontrar y hacer explícitos los supuestos de partida, porque se describen de manera individual los conceptos más básicos o sencillos. Cuando se realiza este análisis se pretende ir encontrando los fundamentos más profundos de cualquier ciencia (Levi, 2003).

Sin embargo, el método axiomático también tiene algunas desventajas, porque no podemos recurrir solamente a axiomas para describir todo el saber de un campo científico determinado, sino que debemos siempre añadir suposiciones o ejemplos, que permitan comprobar si nuestro método está siendo bien utilizado. Se trata de un método, por tanto, que exige rigor y sistematicidad, por lo que resulta útil no solamente para los matemáticos, sino para cualquier persona que desee acostumbrarse a pensar con coherencia y con precisión. Aquí se incluyen, no solamente científicos, sino también lectores interesados en la filosofía, las leyes o la medicina.

La referencia más larga que tenemos en la edad antigua de Euclides de Alejandría fue la realizada por el filósofo neoplatónico Proclo (412-485 d.C.), que en su comentario al primer libro de los *Elementos* de Euclides escribe:

"No más joven que ellos [se refiere a Hermótimo de Colofón y a Felipe de Medma] es Euclides, quien juntó los *Elementos*, recopilando muchos de los teoremas de

Eudoxo[2], perfeccionando muchos de Teeteto[3], y también proporcionando demostraciones indiscutibles de las cosas que fueron solamente probadas pobremente por sus predecesores. Este hombre vivió en el tiempo del primer Ptolomeo[4]. Arquímedes[5], que vivió inmediatamente después del primer [Ptolomeo], hace mención de Euclides y, además, dicen que Ptolomeo le preguntó si había en geometría alguna manera más rápida que la de los *Elementos*, y él contestó que no hay ningún camino real para la geometría. Por lo tanto, él es más joven que los alumnos de Platón, pero mayor que Eratóstenes[6] y Arquímedes; mientras que estos dos últimos fueron contemporáneos, como Eratóstenes afirma a menudo" (Heath, 1956). Todas estas referencias acerca de otros

---

[2] Eudoxo de Cnio (c. 390-337 a.C.) fue un filósofo griego, matemático, astrónomo y médico discípulo de Platón. Fue el primero en plantear el movimiento de los planetas según modelos matemáticos, por lo que se le considera el padre de la Astronomía basada en las matemáticas.

[3] Matemático griego que vivió entre los años 417 y 369 a.C. (aproximadamente) y aparece en uno de los diálogos de Platón que trata sobre la naturaleza del saber.

[4] Ptolomeo I Sóter (El Salvador), fue un general grecorromano que gobernó Egipto bajo las órdenes de Alejandro Magno. Bajo su gobierno, y el de sus descendientes, Egipto se convirtió en uno de los mayores centros de la cultura griega.

[5] Arquímedes de Siracusa (c. 287-212 a.C.) fue un matemático, astrónomo, físico e inventor griego, considerado una de las grandes figuras de la ciencia antigua. Describió el principio de la palanca, los fundamentos de la estática y de la hidrostática. Inventó diferentes tipos de armas (incluso utilizando espejos) y el tornillo que lleva su nombre.

[6] Eratóstenes de Cirene (276-194 a.C.) fue un matemático, astrónomo y geógrafo griego.

pensadores de la antigua Grecia permiten situar aproximadamente a Euclides de Alejandría en torno al 325 y al 265 a.C.

La Óptica de Euclides

En la Antigua Grecia hubo grandes pensadores, como Euclides, que nunca se interesaron por el estudio de la luz como entidad física. Para ellos, el saber cómo vemos o de qué está hecho un rayo de luz, era algo que pertenecía al ámbito de la filosofía, por lo que la óptica se debía ocupar de cómo se proyectan los rayos visuales siguiendo las leyes de la matemática.

De hecho, Euclides ni siquiera se preguntó si los rayos visuales se dirigían de los objetos a los ojos o si, por el contrario, como creían muchos sabios de la antigüedad, seguían el camino inverso, es decir, salían de los ojos para ir al encuentro de los objetos, siempre que se dieran las condiciones adecuadas (por ejemplo, que el sol hiciera menos denso el aire y, por lo tanto, el camino de los rayos visuales fuera transitable).

La filosofía de la época consideraba a la luz como una especie de fuego interior que era proyectado hacia los objetos con el propósito de capturar su imagen y transmitirla al interior del cuerpo humano a través de los ojos. Solamente algunos filósofos como Demócrito o los epicúreos se plantearon la posibilidad de que fueran los rayos visuales los que viajaran al encuentro de los ojos (Ortíz García, 2000).

Al contrario de lo que ocurre con otras obras atribuidas previamente a Euclides (como la *Catadrióptica*) existe consenso en que Euclides escribió un tratado de *Óptica*. Así lo afirman matemáticos de la antigüedad como Proclo y Teón de Alejandría. Lo que no está tan claro es si la versión que nos ha llegado hasta la actualidad es la escrita por Euclides, si durante las diferentes traducciones al latín a lo largo de la historia esta obra ha ido sufriendo modificaciones o si es fiel a la original (Ortíz García, 2000).

La *Óptica* de Euclides consta de 7 definiciones y 58 proposiciones. Como es propio de las obras de este autor, se usa el método axiomático. Para Euclides, lo importante era la posición relativa del ojo y del objeto observado, es decir, la perspectiva.

Euclides siempre buscaba la verdad matemática, pero no se detuvo a considerar si esta se correspondía con la verdad psicológica (sensaciones o percepciones), fisiológica (cómo funcionan los órganos de los sentidos), ni física (qué naturaleza tienen los rayos de luz).

Volviendo a la cita de Proclo que hemos mencionado en el apartado anterior, Euclides concluía ante Ptolomeo que no existe ningún camino real para la geometría. Esta cita se entiende mejor si recurrimos a la anécdota que Juan de Estobeo[7] atribuye siglos después al Emperador Alejandro Magno y al

[7] Recopilador y comentarista de textos de la época griega mediante antologías que vivió entre los siglos V y VI d.C.

matemático griego Menecmo (c. 380-320 a.C.). Cuenta esta anécdota que Alejandro estaba pidiendo a Menecmo que le explicara la geometría de una manera concisa. A lo que Menecmo le contestó: "Oh rey, a lo largo del país hay caminos reales y caminos para los ciudadanos corrientes, pero en geometría hay un único camino para todos" (Heath, 1956).

Esta anécdota, probablemente basada en la recogida por Proclo acerca de Euclides, refleja muy bien qué pretendía este autor al escribir su tratado de *Óptica*. Puede haber muchos tipos y teorías de la luz, puede haber distintos órganos sensoriales, y diferentes maneras de ver las cosas, pero la geometría de los rayos visuales es única. Se trata de principios universales, que eran válidos hace 2300 años y que lo siguen siendo en la actualidad. Este es el valor de la obra de Euclides, en lugar de buscar los diferentes caminos, buscó un camino válido para todos, el resultado de este trabajo se muestra en el tratado de *Óptica* que aquí presentamos.

Joaquín Vidal López

Castellón de la Plana, 27 de julio de 2021

ÓPTICA DE EUCLIDES

DEFINICIONES[8]

1. Supóngase que las líneas rectas trazadas a partir del ojo se propagan a lo largo de un espacio de gran tamaño[9].
2. Y que la figura contenida por los rayos visuales es un cono que tiene el vértice en el ojo y la base en los extremos de los objetos vistos.
3. Y que se ven los objetos en los que los rayos visuales inciden y no se ven aquellos objetos en los que los rayos visuales no inciden.
4. Y que los objetos que se ven bajo un ángulo mayor parecen mayores; los que bajo un ángulo menor, menores, y los que se ven bajo ángulos iguales, iguales[10].

---

[8] Las definiciones son postulados o lemas que permiten asentar en método axiomático a partir de las proposiciones que aparecen a continuación.

[9] Algunos autores (Heath, 1956; Ortíz García, 2000) creen ver aquí una prueba de que Euclides estaba de acuerdo con la afirmación de que los rayos salen de los ojos. En mi opinión, aquí el autor solamente está diciendo que estamos trazando una recta entre el ojo y el objeto, pero no está asumiendo ninguna dirección ni ninguna teoría de la visión ni de la luz, por lo que no podemos afirmar que se esté decantando por una teoría u otra.

[10] Aquí Euclides ya es consciente de que es el ángulo visual que subtiende el ojo con el objeto el que determina el tamaño percibido del objeto, no el tamaño real de este último. Este matiz es importante porque se hace una distinción entre lo que el objeto realmente es y lo que parece. Esta proposición está en

5. Y los que se ven bajo ángulos más elevados parecen más altos, y los que se ven bajo ángulos más bajos, parecen más bajos.
6. Y, de manera semejante, los que se ven con un ángulo visual más a la derecha parecen más a la derecha y más a la izquierda los que se ven bajo rayos situados más a la izquierda.
7. Pero aquellos objetos que se ven dentro de varios ángulos parecen más claros[11].

PROPOSICIÓN 1

Ninguno de los objetos vistos se ve entero al mismo tiempo[12].

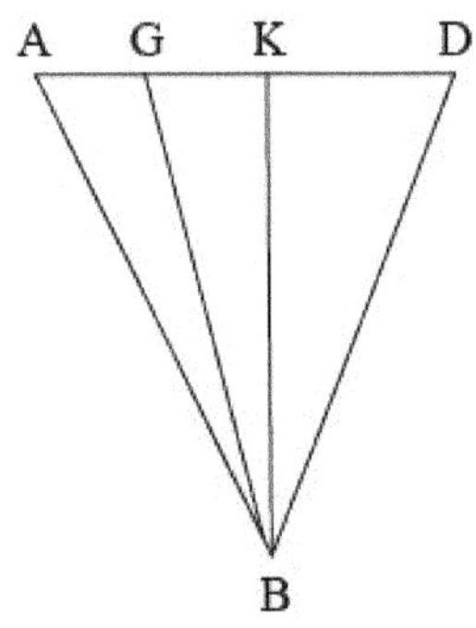

concordancia con la teoría de la perspectiva que desarrolla a lo largo de todo el trabajo.

[11] Al hablar de "varios ángulos" Euclides se refiere a que el ángulo visual que subtienden con nuestro ojo es mayor.

[12] En este caso, queremos contemplar una escena visual de gran tamaño, nuestro cono visual es pequeño en relación con este objeto o escena visual (por ejemplo, un paisaje o un edificio) y tenemos que desplazar nuestro cono a lo largo del objeto.

Sea AD el objeto que estamos viendo y B el ojo a partir del cual parten los rayos visuales BA, BG, BK y BD.

De manera que los rayos visuales que se proyectan a lo largo de un espacio no incidirían de manera continua sobre AD. Sino que en AD habría espacios sobre los que no incidirán los rayos visuales[13].

Luego AD no se verá completo al mismo tiempo. Pero parece que se ve al mismo tiempo porque los rayos visuales se mueven rápidamente[14].

---

[13] Según la Definición 3.

[14] En efecto, solamente tenemos una visión de alta resolución en la parte central de la retina, que es captada mediante la fóvea o mácula. En esta zona central tenemos una alta resolución espacial y temporal. Fuera de ella, la calidad de la visión es menor, aunque también percibimos objetos cambiantes y en movimiento, pero con menor resolución. Para tener una visión clara del objeto completo, nuestro cono de visión nítida se debe desplazar a lo largo de todo el objeto o escena visual que queremos captar. Sin embargo, eso lo hacemos de manera rápida e inconsciente, por lo que a nosotros nos da la sensación de que estamos viendo la escena visual completa. Este hecho provoca fenómenos curiosos, como la "ceguera atencional", en la que, por ejemplo, hemos buscado muchas veces las llaves de casa en el comedor y no hemos sido capaces de verlas, aunque las teníamos todo el tiempo delante. Nuestro cono de visión ha ido haciendo barridos visuales, se ha creado una escena visual global, pero si nuestro cono visual no ha pasado justo por encima del objeto pequeño (nuestras llaves) la escena se ha formado en nuestro cerebro sin tener en cuenta este pequeño detalle (las llaves) que era lo que estábamos buscando.

PROPOSICIÓN 2

Los objetos que están situados cerca se ven con mayor claridad que los de igual tamaño que están situados lejos[15].

Si B representa el ojo, y GD y KL los objetos vistos, y consideramos que ambos son iguales y paralelos. El objeto GD está más cerca del ojo y sobre éste inciden los rayos visuales BG, BD, BK y BL.

No podemos decir que los rayos visuales incidentes sobre KL a partir del ojo pasen por los puntos G y D. Pues si la recta KL se formara a partir del triángulo BDLKGB, sería mayor que la recta GD, y se ha supuesto que era igual[16]. Por tanto, GD se ve bajo mayor número de rayos visuales que KL[17].

Luego GD parecerá más claro que KL; porque los objetos vistos bajo mayor número de ángulos aparecen con más claridad[18].

---

[15] En la terminología actual diríamos que los objetos de igual tamaño a diferentes distancias se perciben con un tamaño aparente diferente (tamaño mayor los más cercanos), porque los ángulos que subtienden son distintos (ángulos mayores en los objetos más próximos).

[16] Es decir, si quisiéramos prolongar los segmentos BG y BD hasta que cruzaran el plano KL, el segmento KL debería ser mayor, y esto no es posible, porque hemos dicho que GD y KL son iguales.

[17] En la terminología actual, el tamaño aparente de DG es mayor que el de KL, dado que el primero subtiende un ángulo visual mayor.

[18] Según la Definición 7.

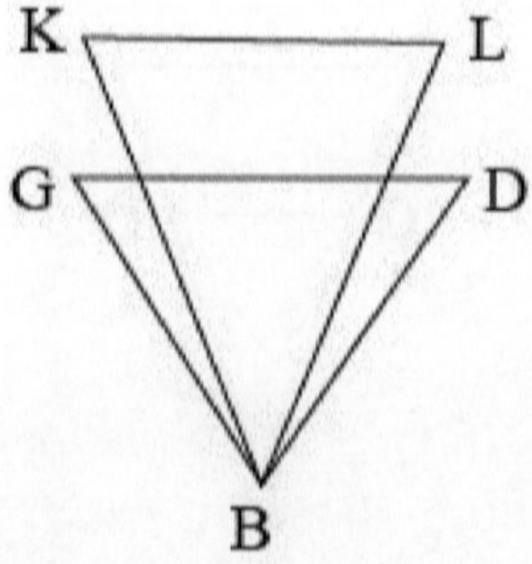

PROPOSICIÓN 3

Cada objeto visto tiene una cierta distancia límite a partir de la cual deja de verse[19].

Sea B el ojo y GD el objeto visto. Afirmo que cuando GD se sitúe a cierta distancia, ya no se verá.

GD queda situado a una distancia intermedia entre los rayos visuales que están divergiendo y la distancia a la que está situado K. Así, no incidirá sobre K ninguno de los rayos visuales que parten de B. Y aquello sobre lo que no llegan los rayos visuales no se ve.

Luego cada objeto visto tiene una cierta distancia límite y, que una vez se alcanza, ya no se ve[20].

---

[19] En efecto, cuando alejamos un objeto, el ángulo que subtiende con el ojo se va haciendo cada vez más pequeño hasta que dicho objeto deja de ser percibido. En el ojo humano este ángulo límite mide aproximadamente 1 minuto de arco, es decir, 1/60 parte de un grado.

[20] Según la Definición 3.

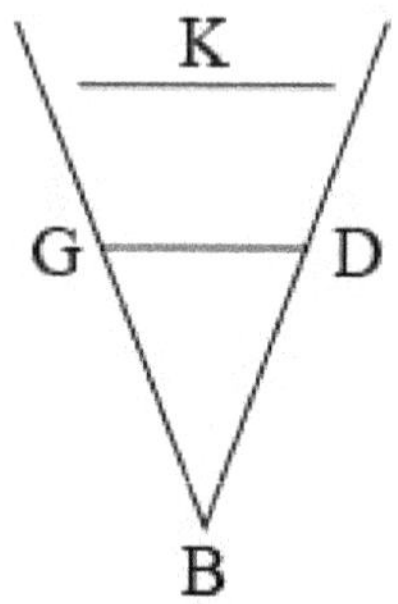

PROPOSICIÓN 4

De los espacios iguales que están situados sobre la misma recta, los que se ven a mayor distancia parecen menores.

Sean AB, BG y GD representando espacios iguales sobre una recta y trácese la perpendicular AE, en la que E representa el ojo.

Digo que AB parecerá mayor que BG y BG mayor que GD.

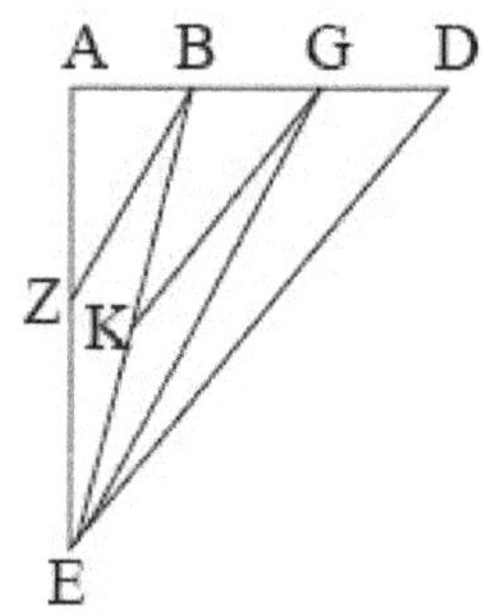

Sean los rayos EB, EG, ED y trácese BZ paralela a la recta GE por el punto B. Por tanto, AZ es igual a ZE.

La línea recta BZ es paralela a GE, un lado del triángulo AEG. De aquí se sigue también que EZ está relacionado con ZA, como GB con BA. Por eso podemos afirmar que AZ es igual a ZE. [21]. Pero el lado BZ es más largo que ZA y, por lo tanto, es mayor que ZE. De manera que el ángulo ZEB es mayor que el ángulo ZBE; y el ángulo ZEB es mayor que el ángulo GEB. Por lo tanto, AB se verá más largo que BG[22].

De manera semejante, si por el punto G se dibuja la línea paralela a DE, BG se verá mayor que GD.

PROPOSICIÓN 5

Los objetos de igual tamaño situados a distancias desiguales parecen desiguales, y el que está situado más cerca del ojo parece mayor.

Sean AB y GD dos objetos de igual tamaño y sea E el ojo, respecto al cual están situados [los objetos] a distancias desiguales, y AB está más cerca.

AB parecerá mayor.

---

[21] Es decir, al tener ambos triángulos rectángulos (AEG y AZB) los catetos que se muestran en la parte superior una relación de dos a uno (AG es el doble que AB), se sigue que el cateto vertical de ambos triángulos también será el doble el uno del otro, es decir, AE será el doble que AZ. De aquí podemos concluir que AZ y AE son iguales.

[22] Según la Definición 4.

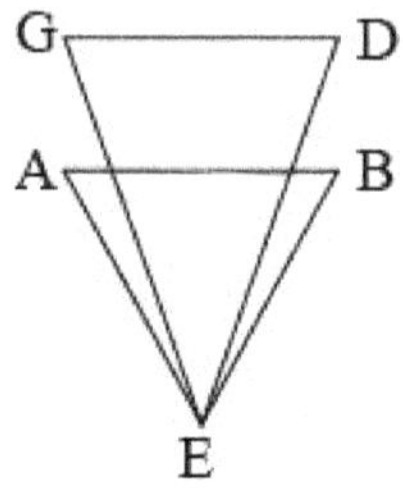

Sean los rayos AE, EB, EG y ED. Dado que los objetos vistos bajo ángulos mayores parecen mayores[23], y el ángulo correspondiente a AEB es mayor que el correspondiente a GED, por lo que AB parecerá mayor que GD.

PROPOSICIÓN 6

Las líneas paralelas, cuando se ven desde una distancia, parecen no ser igualmente distantes entre ellas.

Sean dos líneas paralelas AB y GD y sea E el ojo.

Digo que AB y GD parecen no ser paralelas, y que el espacio más cercano siempre parece mayor que el más lejano.

---

[23] Según la Definición 4.

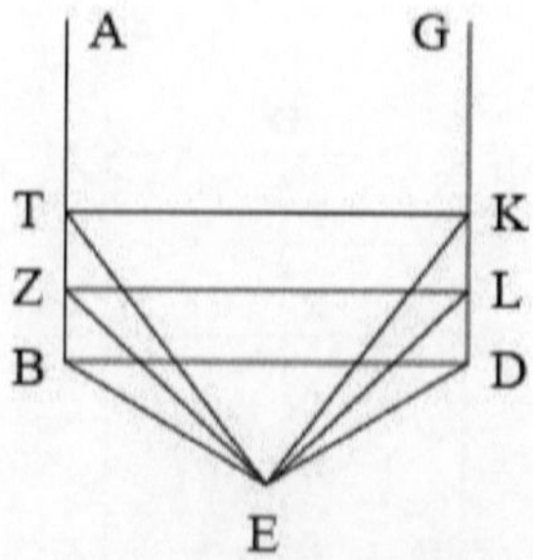

Sean los rayos EB, EZ, ET, ED, EL y EK. Únanse estos puntos con las rectas BD, ZL y TK. Como el ángulo BED es mayor que ZEL, parece mayor BD que ZL[24]. A la vez, puesto que el ángulo ZEL es mayor que el ángulo TEK, ZL parece mayor que TK. Luego el espacio BD parece mayor que ZL y ZL mayor que TK.

Luego las líneas que son paralelas ya no se verán paralelas, sino que parece que su separación varía con la distancia[25].

En espacios situados en un nivel elevado, trácese la perpendicular AB desde el punto A situado en un plano inferior, y sean las paralelas LX, KN y TM. Digo que también las líneas GD y EZ parecen ser no paralelas[26].

[24] Según la Definición 4.

[25] Es decir, conforme se alejan parece que vayan convergiendo.

[26] Es decir, convergentes.

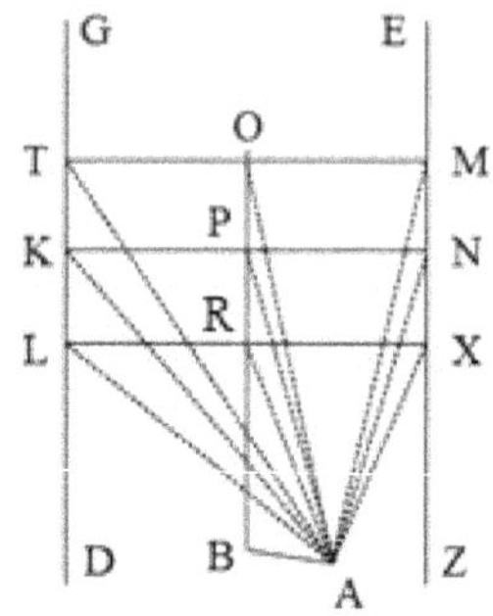

Sea la perpendicular BR desde B hasta LX, y prolónguese BR hasta O. A continuación, incidan los rayos AL, AK, AT, AX, AN y AM, y conéctense AR, AP y AO.

La recta AR es perpendicular a RX, y AO es perpendicular a OM, y AP a PN. Por lo tanto, los triángulos ARX, APN y AOM son rectángulos. Y, como son rectángulos, y PN es igual a RX, y PA es mayor que AR, el ángulo XAR es mayor que el ángulo PAN. Por lo tanto, RX se verá mayor que PN[27]. De la misma manera, RL parecerá mayor que PK. Por lo tanto, toda la línea LX parecerá mayor que toda la línea KN. Y así, las líneas DG y ZE parecerán variar con la distancia.

PROPOSICIÓN 7

Los objetos de igual tamaño que están sobre la misma recta, si no están situados uno a continuación del otro

[27] Según la Definición 4.

y si están situados a distancias desiguales del ojo, parecen desiguales.

Sean AB y GD dos objetos de igual tamaño, situados sobre la misma recta AD, sin estar uno a continuación del otro, y situados a distancias diferentes del ojo E. Sean los rayos EA y ED, y sea EA mayor que ED.

Digo que GD parecerá mayor que AB.

Sean los rayos EB y EG, y sea el círculo AED en torno al triángulo AED. Y sean las rectas BZ y GL continuación de las rectas EB y EG; y desde los puntos B y G, sean las rectas BT y GK trazadas de manera perpendicular.

AB es igual a GD, y también el ángulo ABT es igual al ángulo DGK. Por tanto, el arco de circunferencia AT es igual al arco DK.

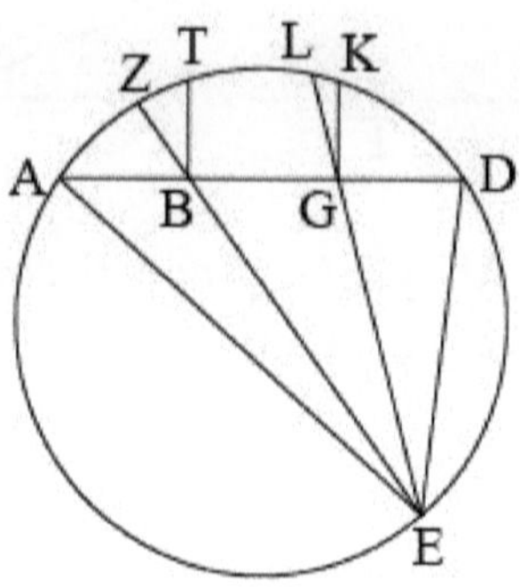

Por lo tanto, el arco KD es mayor que el arco ZA. Luego el arco LD es mucho mayor que el arco ZA. Pero bajo el arco AZ se encuentra el ángulo AEZ, y bajo el arco LD está el ángulo LED. Por tanto, el ángulo LED es mayor que el ángulo AEZ; y AB se ve bajo el ángulo

AEZ y GD bajo el ángulo LED. Por lo tanto, GD parece mayor que AB[28].

PROPOSICIÓN 8

Las líneas de igual longitud y paralelas, si están situadas a distancias distintas del ojo, no se ven en proporción a las distancias.

Sean dos líneas, AB y GD, [de igual longitud y] situadas a distancias distintas del ojo E.

Digo que, como parece ser, BE no está en la misma relación con ED, como GD con AB.

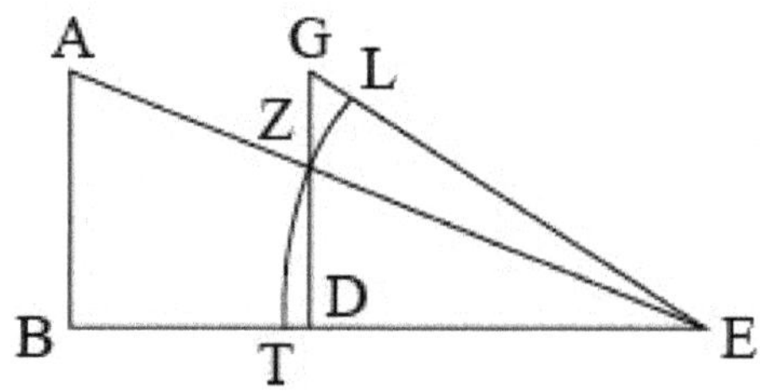

Sean los rayos AE y EG, y con E como centro; a la distancia EZ trácese el arco LZT. Ahora, como el triángulo EZG es mayor que la sección EZL, y como el triángulo EZD es menor que la sección EZT, el triángulo EZG comparado con la sección EZL, tiene una proporción mayor que el triángulo EZD con la sección EZT.

[28] Según la Definición 4.

Y, al contrario, el triángulo EZG, comparado con el triángulo EZD tiene una proporción mayor que la sección EZL, cuando se compara con la sección EZT y, en su conjunto, el triángulo EGD, comparado con el triángulo EZD, tiene una proporción mayor que la sección ELT, comparada con la sección EZT.

Pero, como el triángulo EDG es al triángulo EZD, así GD es a DZ.

Pero GD es igual a AB, y como AB es a DZ, así es BE a ED.

Ahora, BE guarda con ED una proporción mayor que la sección ELT al compararla con la sección EZT.

Y como una sección es a la otra sección, así el ángulo LET es al ángulo ZET. Luego la línea BE, comparada con la línea ED, tiene una proporción mayor que el ángulo LET con el ángulo ZET.

Y, GD se ve desde el ángulo LET, mientras que AB se ve desde el ángulo ZET.

Luego las líneas de igual magnitud no se ven en proporción a las distancias.

PROPOSICIÓN 9

Los objetos rectangulares, vistos a distancia, parecen redondeados.

Sea el rectángulo BG, de pie, visto a distancia. Como cada cosa que es vista tiene cierto límite de distancia más allá de la cual no se ve[29], el ángulo G no se ve, sino que sólo son visibles los puntos D y Z. Lo mismo sucederá con el resto de los ángulos.

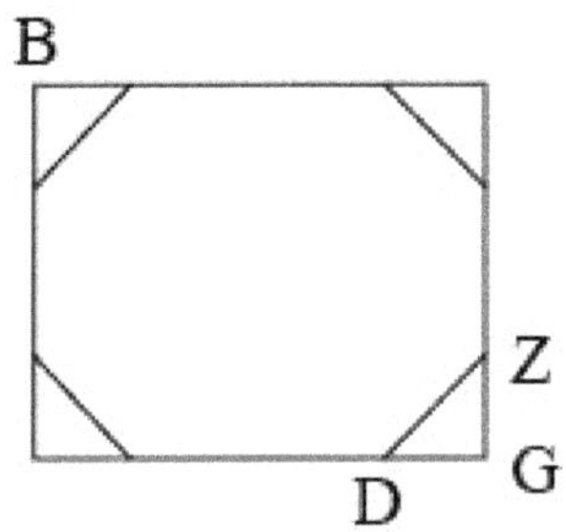

De modo que el objeto completo parecerá redondeado.

PROPOSICIÓN 10

En las superficies planas que están por debajo del nivel del ojo, las partes más remotas parecen más elevadas.

Sea A el ojo, situado en un nivel más elevado que BEDG; incidan los rayos AB, AE, AD y AG, de los cuales AB sea perpendicular al plano inferior.

Digo que GD parece más elevado que DE y DE más que BE.

En algún punto de la línea BE, cójase un punto al azar Z, y trácese ZL formando un ángulo recto. Como las líneas de visión inciden en ZL antes que alcancen ZG,

[29] Según la Proposición 3.

la línea AG encuentra ZL en el punto L, la línea AD en el punto T, y la línea AE en el punto K.

Ahora, como L está más elevado que T, y T más elevado que K, mientras que G está en la misma línea que L, y D en la misma línea que T, y E en la misma línea que K y, como entre las líneas AG y AD, se ve DG, y entre las líneas AD y AE se ve DE, GD parece más alto que DE.

De manera similar, DE parecerá más elevado que BE, porque los objetos vistos por rayos más elevados parecen más elevados[30].

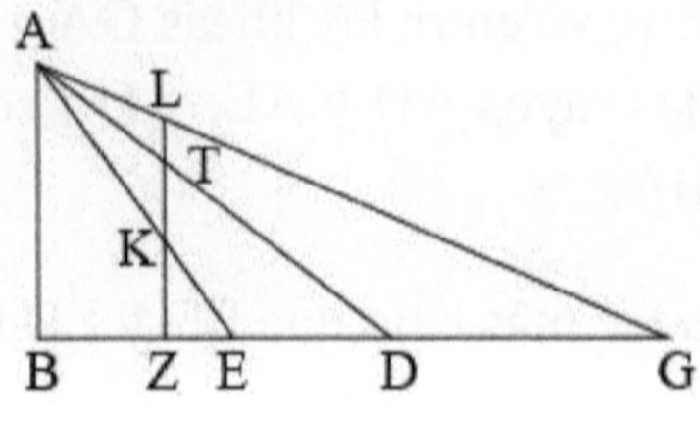

Y está claro que las cosas vistas en un plano superior parecerán cóncavas.

PROPOSICIÓN 11

En el caso de superficies planas situadas por encima del nivel ojo, las partes más alejadas parecen más bajas.

Sea A el ojo situado en una posición más baja que el plano BG, e incidan sobre él los rayos AB, AD, AE y

[30] Según la Definición 5.

AG, de los cuales sea AB perpendicular al plano mencionado.

Digo que GE parece más bajo que ED.

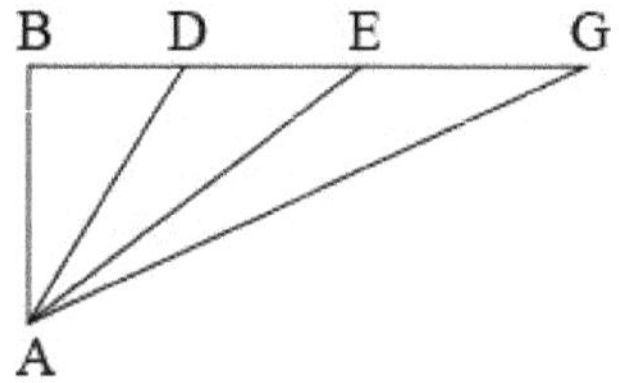

Ahora, de acuerdo con el teorema expuesto previamente, el rayo AG es más bajo que el rayo AE, el rayo AE es más bajo que AD, y AD más bajo que AB. Pero, GE se ve entre las líneas GA y AE, y ED se ve mediante los rayos AD y AE, y DB se ve entre las líneas DA y BA.

Luego GE parece más bajo que ED y ED más bajo que DB[31].

PROPOSICIÓN 12

En el caso de las líneas que se extienden hacia delante, las que están a la derecha parecen inclinarse hacia la izquierda y las que están a la izquierda, parecen inclinarse hacia la derecha.

Sean AB y GD dos líneas vistas y sea E el ojo desde el cual inciden los rayos ET, EK, EA, EZ, EL y EG.

[31] Según la Definición 5.

Digo que EZ, EL y EG parecen inclinarse hacia la izquierda, mientras que ET, EK y EA hacia la derecha.

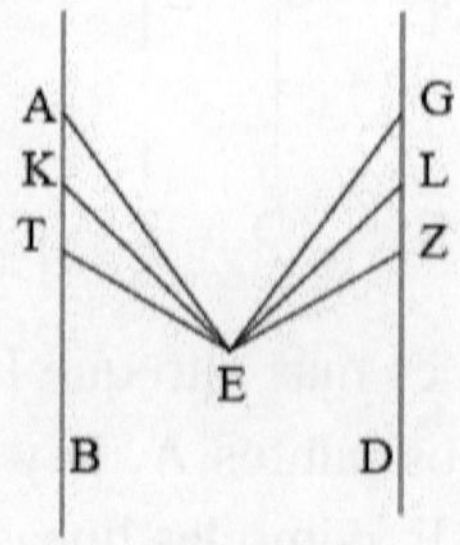

Como EZ está más a la derecha que EL, y EL más que EG, da la impresión de que EG está inclinado a a izquierda de EL y EL a la izquierda de EZ.

De manera similar, también EA, EK y ET parecen inclinarse hacia la derecha[32].

PROPOSICIÓN 13

En el caso de líneas de igual longitud que se sitúan bajo el nivel del ojo, las más lejanas parecen más elevadas.

Sean las líneas de igual longitud AB, GD y EZ, y sea L el ojo, situado por encima de estas líneas, e incidan los rayos LA, LG y LE.

Digo que AB parece más alto que GD, y GD más alto que EZ.

---

[32] Según la Definición 6.

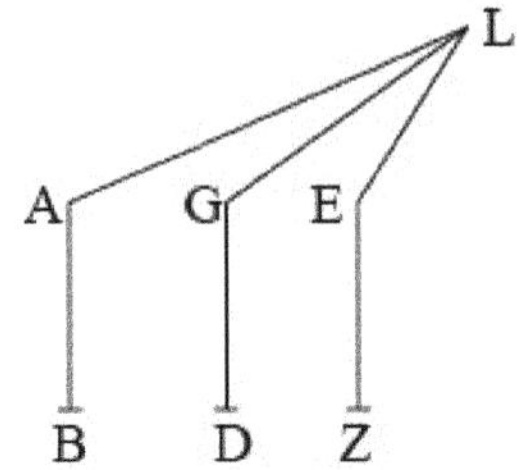

Porque, como LA es más alto que LG y LG más alto que LE, y como los puntos A, G y E están sobre las líneas LA, LG y LE, como las líneas AB, GD y EZ se extienden a partir de los puntos A, G y E, entonces AB parece más alto que GD, y GD más alto que EZ.

PROPOSICIÓN 14

En el caso de líneas de igual longitud situadas sobre el nivel del ojo, las más lejanas parecen más bajas.

Sean las líneas de igual longitud AB, GD y EZ, situadas por encima del ojo L.

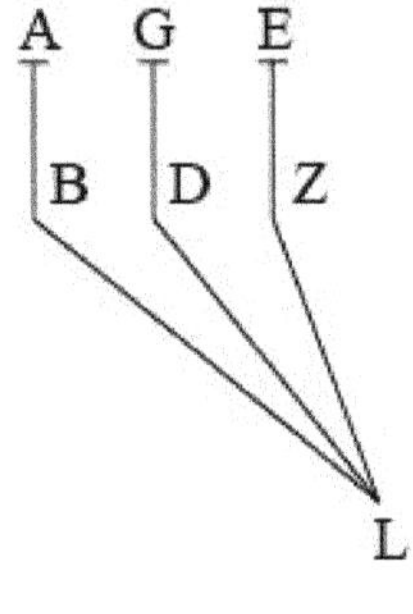

Digo que AB parece más baja que GD, y GD más baja que EZ.

Incidan los rayos LB, LD y LZ. Dado que el rayo LB está más bajo que LD, y el LD más bajo que LZ, pero los puntos B, D, Z están sobre las líneas LB, LD y LZ, y como las líneas AB, GD y EZ se extienden a partir de B, D y Z, entonces AB parece más bajo que GD, y GD más que EZ.

PROPOSICIÓN 15

En el caso de objetos situados por debajo del nivel del ojo, siendo unos mayores que otros, conforme el ojo se aproxima a los objetos, el más alto parece ganar altura, pero cuando el ojo se aleja, es el más bajo el que parece crecer.

Sean AB y GD dos líneas desiguales, y sea AB mayor y E el ojo desde el cual incide el rayo EZ que pasa por G. Ahora se ven ZB y GD bajo el nivel del ojo y bajo el nivel del rayo EZ. AB aparece por encima de GD, con una longitud AZ.

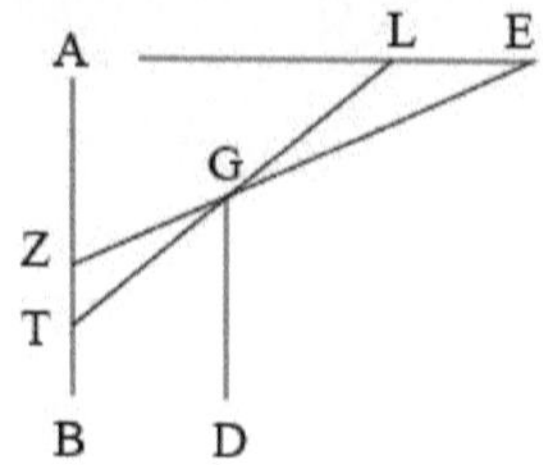

Hagamos que se mueva la posición del ojo a una más cercana y sea L, desde el cual incide el rayo LT que pasa por G. Ahora, GD y TB se ven bajo el nivel del ojo y bajo el nivel de LT. AB parecerá más alto que GD con la longitud AT. Y bajo el punto E, AB se veía mayor por la longitud AZ, y AT es más larga que AZ.

Por lo que al acercarse el ojo a los objetos, el más alto parece ganar altura y si el ojo retrocede, es el más corto el que parece ganarla.

PROPOSICIÓN 16

En el caso de objetos de desigual tamaño por encima del nivel del ojo en el que uno es más alto que el otro, cuando el ojo se aproxima a los objetos, el más corto parece ganar altura, y cuando el ojo retrocede, el más alto parece crecer.

Sean AB y GD líneas de desigual longitud, de las cuales AB es la mayor. Sea E el ojo desde el cual se inicia el rayo EZ que pasa por G.

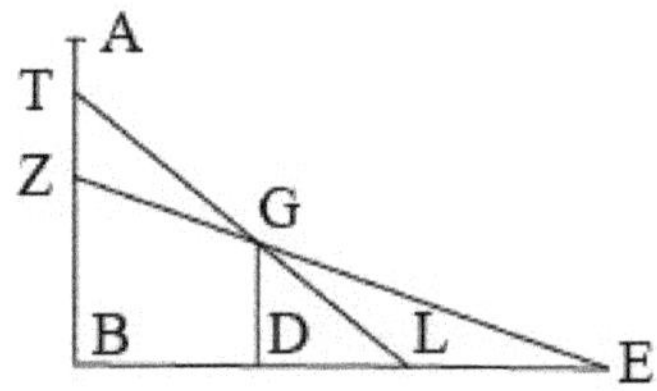

Como las líneas ZB y GD están bajo el rayo EZ, las líneas BZ y GD parecen iguales entre sí. Así, AB parece más alto que GD, con la longitud AZ.

Ahora el ojo se acerca hasta L, desde el cual incide el rayo LT que pasa por G. BT y GD están incluidos bajo el rayo LT, mientras que ZB y GD están incluidos bajo el EZ, y ZA es mayor que AT, entonces, al acercarse el ojo, los objetos más cortos parecen ganar altura, y cuando el ojo retrocede, el objeto mayor parece crecer.

PROPOSICIÓN 17

En el caso de objetos en los que uno es mayor que otro, si el ojo se acerca al más bajo o retrocede en línea recta, el más alto siempre parecerá crecer por encima del más corto en igual cantidad.

Sean AB y GD dos líneas de desigual longitud, de las cuales la mayor es AB, y sea Z el ojo situado en la línea recta[33] con el extremo G de la magnitud GD.

Digo que si el ojo Z se acerca o se aleja sobre la línea horizontal, AB parecerá más alto que GD en la misma cantidad.

Sea el rayo ZE que pasa por G. AB aparece más alto que GD con una longitud AE.

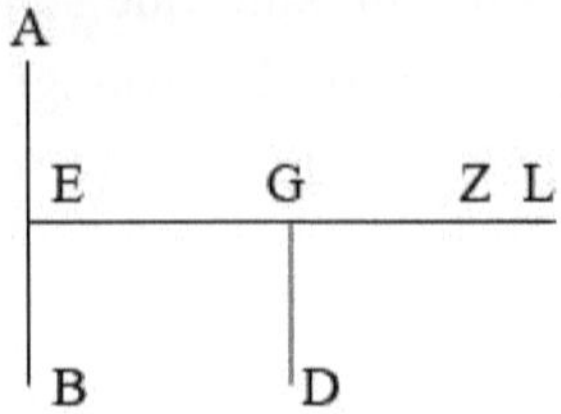

Ahora se mueve el ojo hasta una posición más lejana L sobre la línea horizontal. Entonces, el rayo, que incide

[33] Para que este postulado se cumpla, el ojo se debe mover en una línea recta horizontal que sea perpendicular a los planos AB y GD.

desde el ojo L, pasará por el punto G y seguirá hasta el punto E, y AB crecerá por encima de GD en la misma cantidad.

PROPOSICIÓN 18

Conocer de qué tamaño es una altitud dada cuando brilla el sol.

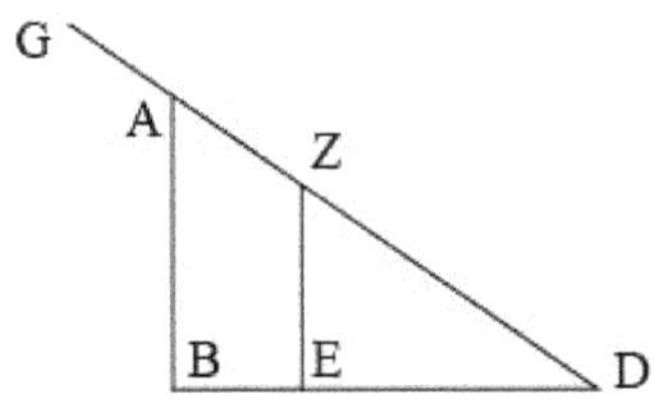

Sea dada una elevación AB, y tenemos que conocer de qué tamaño es. Sea D el ojo, y sea GA el rayo de sol que se une con el extremo de la magnitud AB y que se prolonga hasta el ojo D. Y sea DB la sombra de AB. Y póngase una segunda línea EZ que se une con el rayo sin ser iluminada por él, sino que se une con él en su extremo Z. Así, dentro del triángulo ABD se ha ajustado un segundo triángulo EZD.

Por tanto, DE es a ZE, como DB es a BA. La razón de DE a EZ es conocida; y por lo tanto, la razón de DB a BA es conocida. Además, DB es conocido. Luego AB también es conocido.

PROPOSICIÓN 19

Conocer de qué tamaño es una elevación dada cuando el sol no está brillando.

Sea una determinada elevación AB y sea G el ojo, y sea necesario conocer cómo es de alto AB cuando el sol no está brillando.

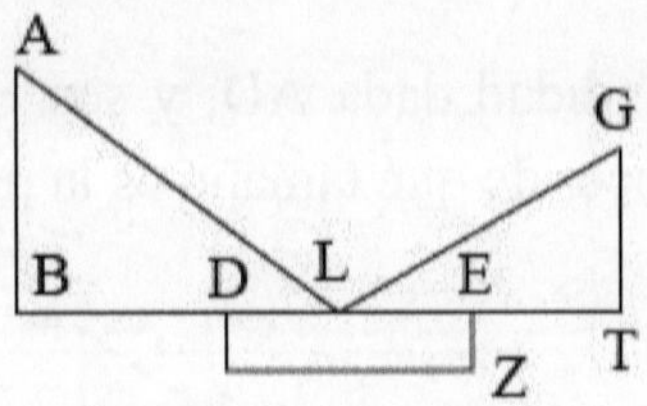

Póngase un espejo DZ, y sea DB prolongada en línea recta con ED, hasta que toque el punto B de la línea AB, e incida el rayo GL desde el ojo G y refléjese hasta que coincida con el extremo A de la línea AB, y sea ET una prolongación de DE, y desde G, trácese GT perpendicular a ET.

Ahora, como el rayo GL ha incidido y el rayo LA ha sido reflejado, ambos han sido reflejados con ángulos iguales, como dice la *Catóptrica*[34]. Por lo tanto, el ángulo GLT es igual al ángulo ALB. Pero también el ángulo ABL es igual al ángulo GTL; y el ángulo restante LGT es igual al ángulo restante LAB.

Por lo tanto, el triángulo ALB es equiángulo con el triángulo GLT. Y los lados de los triángulos equiángulos son proporcionales. Por lo tanto, como GT

---

[34] Ciencia que estudia los principios de la reflexión y la refracción.

es a TL, AB es a BL. Pero la razón de GT a TL es conocida; y la razón de BA a BL es conocida; y LB es conocido. Luego AB es conocido.

PROPOSICIÓN 20

Conocer cómo es de grande una profundidad dada.

Sea una profundidad dada AD, y sea E el ojo, y sea necesario conocer de qué tamaño es la profundidad.

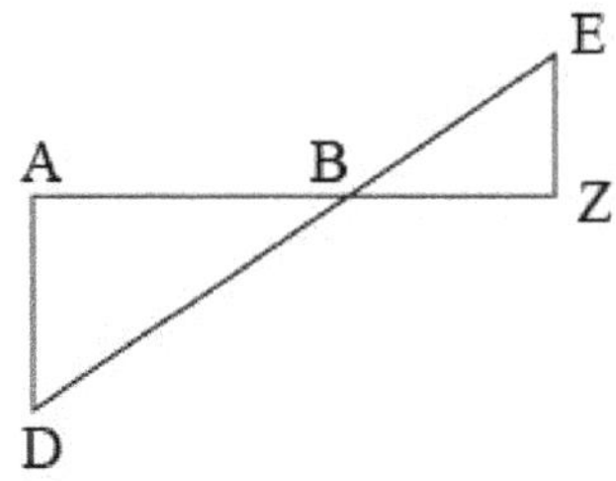

Sea un rayo de sol ED, que coincide con el plano en el punto B y con la profundidad del punto D. Y prolónguese BZ en línea recta desde B y trácese la perpendicular EZ desde E con la línea horizontal BZ.

Ahora, como el ángulo EZB es igual al ángulo BAD, y el ángulo ABD es igual a EBZ, también el tercero, BEZ es igual a ADB.

Por lo tanto, el triángulo ADB es equiángulo con el triángulo BEZ. Y, por lo tanto, los lados serán proporcionales. Luego, como EZ es a ZB, DA es a AB. La razón de EZ a ZB es conocida; y la razón de DA a AB es conocida. Y también AB es conocido. Luego también AD es conocido.

PROPOSICIÓN 21

Conocer de qué tamaño es la longitud dada.

Sea la longitud dada AB, y sea G el ojo, y sea necesario conocer de qué tamaño es la longitud AB.

Sean los rayos GA y GB, y tómese un punto cualquiera D, próximo al ojo G sobre el rayo GA, y sobre el punto dibújese una línea horizontal DE, paralela a AB.

Ahora, como DE se ha dibujado paralela a AB, uno de los lados del triángulo ABG, como GD es a DE GA es a AB. La razón de GD a DE es conocida; y la razón AG a AB es conocida. Y AG es conocido. Luego AB también es conocido.

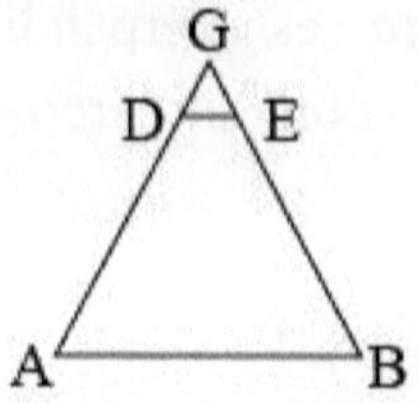

PROPOSICIÓN 22

Si se pone un arco de circunferencia en el mismo plano que el ojo, el arco parece una línea recta.

Sea BG un arco de circunferencia situado en el mismo plano que el ojo A, desde el que inciden los rayos AB, AD, AE, AZ, AL, AT y AG.

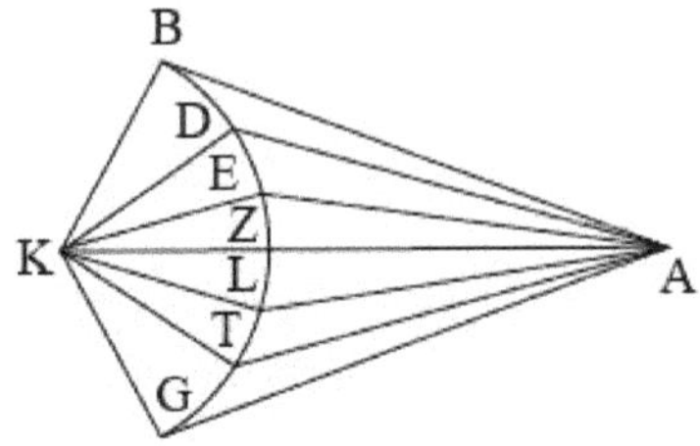

Digo que el arco BG parece una línea recta.

Sea K el centro del arco de la circunferencia, y sean las rectas KB, KD, KE, KZ, KL, KT y KG. Ahora, como KB se ve bajo el ángulo KAB, y KD bajo el ángulo KAD, KB parecerá más largo que KD, y KD mayor que KE, y KE mayor que KZ, y por el otro lado, KG parecerá mayor que KT, KT mayor que KL, y KL mayor que KZ. De esta manera, siendo KA una línea recta, BG siempre es perpendicular. Lo mismo sucederá también con el arco cóncavo de una circunferencia.

Anexo

También es posible decir sobre estos rayos visuales, que el rayo entre el ojo A y el diámetro es el menor, y que el rayo más cercano a él es siempre más corto que el más lejano. Y lo mismo sucede cuando AZ es una perpendicular del diámetro.

Por eso, el arco parece una recta, y especialmente si fuera visto desde una gran distancia desde la que no pudiéramos percibir su convexidad. Por eso, las cuerdas que no están muy tensadas, cuando son vistas de lado, parecen curvadas, pero vistas desde abajo, parecen ser rectas, y también las sombras de las argollas situadas en el mismo plano que la fuente de luz se convierten en rectas.

Anexo

Si se pone un arco de circunferencia en el mismo plano que el ojo, el arco parece ser una línea recta.

Sea BG un arco de circunferencia, y sea D el ojo que está en el mismo plano que el arco BG, a partir del cual inciden los rayos DB, DZ y DG. Así, como ninguno de los objetos vistos se ve entero al mismo tiempo[35], BZ es una recta; y de manera similar ZG.

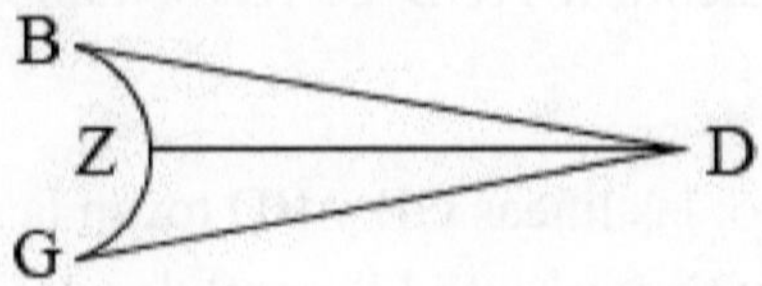

Por lo tanto, todo el arco BG parecerá una recta[36].

---

[35] Según la Proposición 1.

[36] Ambos anexos aparecen en la versión que ha llegado hasta nuestros días, pero por sí mismos son insuficientes. El primero porque no es una demostración geométrica, más bien un comentario sobre la proposición anterior. El segundo, porque el hecho de que el ángulo subtendido por nuestro ojo no abarque todo el arco de circunferencia no implica que tengamos que verlo como una línea recta.

PROPOSICIÓN 23

De una esfera vista desde cualquier punto por un ojo se ve siempre menos que una semiesfera, y la parte vista de la esfera parece un arco.

Sea una esfera cuyo centro sea A, y B sea el ojo. Únase AB, y prolónguese el plano que pasa por BA. Producirá una sección circular[37]. Sea el círculo GDTL[38] y, en torno al diámetro AB, dibújese el círculo inscrito GBD, y dibújense las rectas GB, BD, AD y AG.

Ahora, como AGB es un semicírculo, el ángulo correspondiente a AGB es recto; también el ángulo BDA.

Por lo tanto, las líneas GB y BD tocan la esfera. Ahora, únanse G y D, y trácese LT paralela a GD que pase por el punto A.

Así, los ángulos con vértice K son rectos. Ahora, permaneciendo fija AB, si el triángulo BGK gira en torno al ángulo recto K, y se le lleva de nuevo a la misma posición en la que empezó a moverse, la línea BG tocará a la esfera en un punto y la línea KG producirá una sección circular.

---

[37] Es decir, partiremos de una esfera con radio A, y al generar un plano a partir de la recta AB, la esfera queda reducida a una circunferencia con radio A.

[38] Es decir, en esta sección circular estarán situados los puntos G, D, T y L.

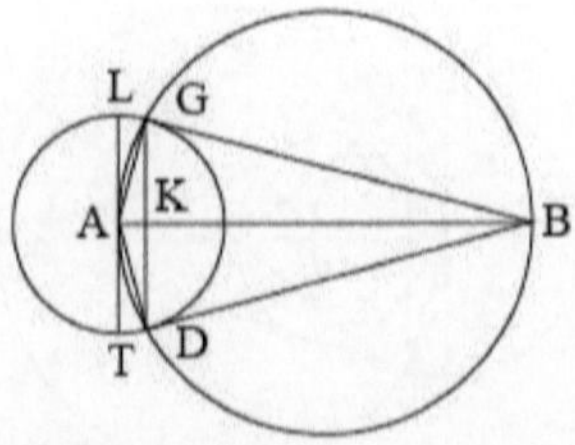

Así, se verá un arco en la esfera. Y digo que será menor que la semiesfera.

Si LT es un semicírculo, GD es menor que un semicírculo. Y se ve la misma parte de la esfera mediante los rayos BG y BD. Por lo tanto, GD es menor que una semiesfera; y se ve mediante los rayos BG y BD.

PROPOSICIÓN 24

Al acercarse el ojo a la esfera, la parte que se verá será menor, pero parecerá mayor.

Sea una esfera cuyo centro sea A, y sea B el ojo, a partir del cual se traza la línea recta AB. Y alrededor de AB sea inscrito el círculo GBD, y desde el punto A dibújese la recta EZ, perpendicular a la recta AB en cualquier dirección, y sea el plano que pasa por EZ y AB. Así, se producirá una sección circular.

Sea GEZD, y dibújense AG, AD, BD, BG y GD. Siguiendo el teorema previo, los ángulos con vértice en los puntos G y D son rectos. Por lo tanto, BG y BD, son rayos que tocan la esfera. Y la parte de la esfera GD es vista por el ojo B.

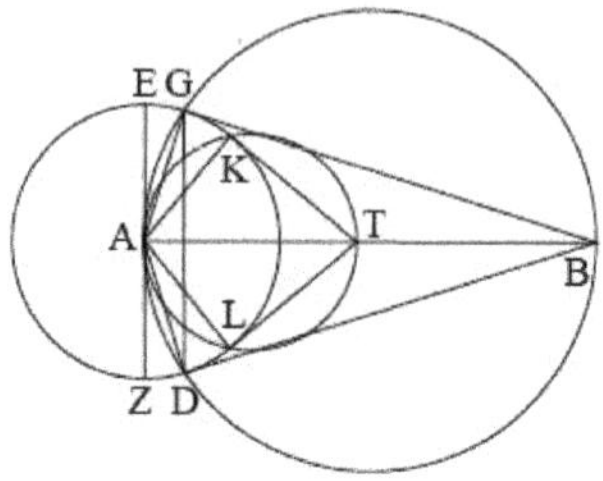

Hagamos ahora que el ojo se mueva más cerca de la esfera, hasta T, a partir del cual dibújese la línea recta TA, y sea el círculo ALK inscrito, y trácense las líneas rectas TK, KA, AL y LT.

Ahora, de manera similar, con el ojo T se ve la parte de la esfera KL, mientras que con el ojo en B se veía GD. Y KL es menor que GD.

Por lo tanto, al acercarse el ojo, la parte vista es menor. Pero parece mayor; porque el ángulo KTL es mayor que el ángulo GBD[39].

PROPOSICIÓN 25

Cuando una esfera es vista mediante ambos ojos, se verá su semiesfera íntegra si el diámetro de la esfera es igual a la distancia de los ojos entre sí.

Sea una esfera, cuyo centro sea A, y dibújese el círculo BG inscrito con centro A, y sea BG su diámetro, y dibújense las líneas BD y GE con ángulos rectos desde

[39] Según la Definición 4.

B y desde G, y sea la recta DE paralela a BG, y sobre ésta [DE], estén representados los ojos D y E.

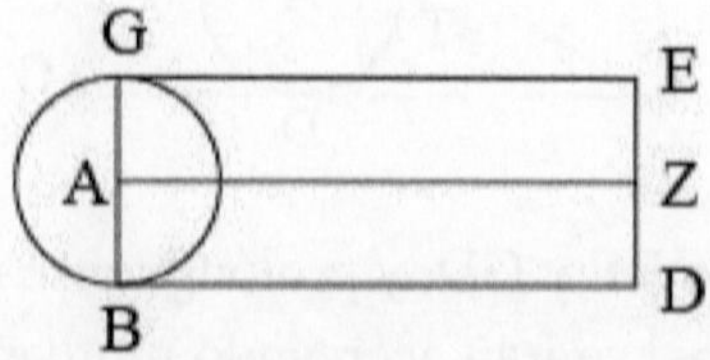

Digo que se verá la semiesfera completa.

A partir de A dibújese AZ paralela a cada una de las rectas BD y GE. Entonces ABDZ es un paralelogramo. Ahora, si la figura inscrita se gira y vuelve a la posición inicial, AZ permanecerá en su sitio, y [el paralelogramo] empezará en B y B se desplazará a G, y la figura formada bajo AB será un círculo que pasa por el centro de la esfera.

Luego los ojos D y E verán una semiesfera.

PROPOSICIÓN 26

Si la distancia entre los ojos es mayor que el diámetro de la esfera se verá más de una semiesfera.

Sea una esfera cuyo centro sea A, e inscríbase en torno al centro A el círculo ETDL, y sean los ojos B y G, y sea la distancia entre los ojos B y G mayor que el diámetro de la esfera, y trácese BG.

Digo que se verá más de una semiesfera.

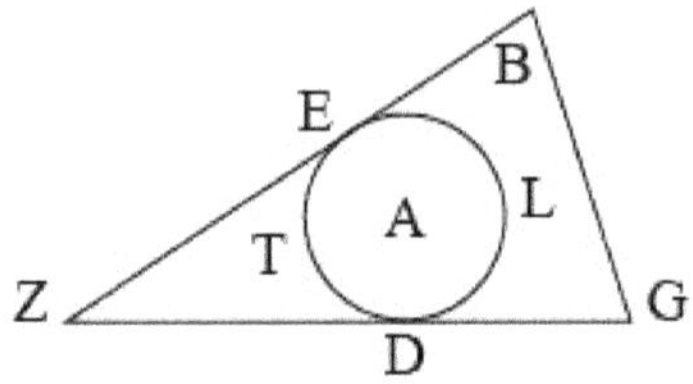

Sean los rayos BE y GD, y prolónguense más allá de E y D; [los rayos] se irán acercando mutuamente porque el diámetro [de la esfera] es menor que BG. Coincidan en el punto Z.

Ahora, como desde algún punto fuera del círculo las líneas rectas ZE y ZD han incidido en la circunferencia, DTE es menor que un semicírculo. Así, ELD es mayor que un semicírculo. Y ELD se ve por los ojos B y G. Por lo tanto, con los ojos B y G se ve más de la mitad del círculo.

Lo mismo se verá de la esfera.

PROPOSICIÓN 27

Si la distancia entre los ojos es menor que el diámetro de la esfera se verá menos de una semiesfera.

Sea una esfera cuyo centro es el punto A, e inscríbase el círculo BG en torno al punto A, y sea la distancia entre los ojos DE, menor que el diámetro de la esfera, y dibújense los rayos DB y EG tocando la esfera.

Digo que se verá menos de una semiesfera.

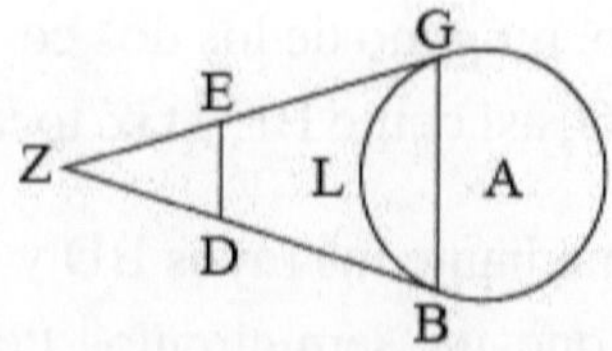

A partir de BD y GE se generará la sección GBL, y DE será menor que el diámetro de la esfera. Ambas líneas [BD y GE] coincidirán en el punto Z.

Como las rectas ZB y ZG han incidido desde un punto Z, la sección BLG será menor que un semicírculo; pero lo que ocupa el segmento BLG, lo ocupa también la sección de la esfera.

Por tanto, los rayos contienen menos de una semiesfera.

PROPOSICIÓN 28

Si un cilindro es visto por un ojo en cualquier manera se verá menos de un semicilindro.

Sea un cilindro, y sea A el centro de la base, e inscríbase el círculo BG en torno a A, y esté el ojo D situado en el mismo plano que BG, la base del cilindro, y dibújese la línea recta DA desde D hasta A, y desde D dibújense los rayos DB y DG, y toquen ambos el cilindro, y desde los puntos B y G álcense los lados del cilindro BE y GZ formando ángulos rectos, y créese el plano que pasa por DB y BE, y el que pasa por DG y

GZ. Por lo tanto, ninguno de los dos corta al cilindro[40]; porque DB y DG, así como BE y GZ tocan el cilindro[41].

Así, BG se ve mediante los rayos BD y DG, por lo que BG es menor que un semicírculo. Por eso, se verá menos de un semicilindro.

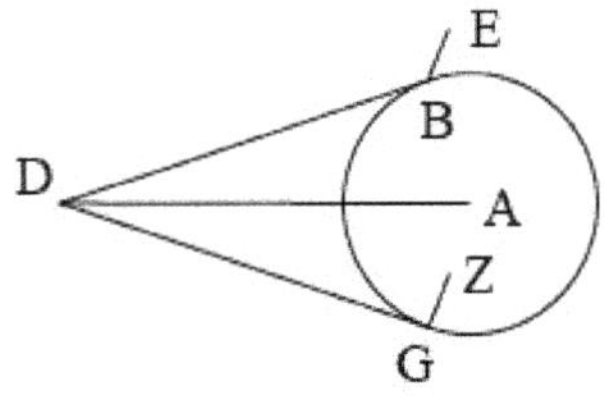

Y si un cilindro se viera mediante dos ojos, es evidente que será cierto en este caso también lo dicho para la esfera.

Anexo

Sea un círculo, cuyo centro sea A, y sea Z un punto exterior a dicho círculo, y únase desde A hasta Z para dibujar AZ. Y desde el punto A, sea dibujado GD formando ángulos rectos con AZ en ambas direcciones; así, GB es el diámetro del círculo. Y en torno a la recta AZ, dibújese el círculo inscrito en ABZE, y dibújense AB, BZ, ZE y EA. Por lo tanto, ZB y ZE tocan el círculo, porque los ángulos con vértice en los puntos B y E son rectos.

Ahora, como desde el punto Z los rayos BZ y ZE inciden en la circunferencia del círculo, se verá la parte

[40] Ninguno de los dos corta al cilindro por la mitad, es decir, formando un semicilindro.
[41] Es decir, son tangentes.

del círculo BE. Pero GBED es un semicírculo. Por lo que BE es menor que un semicírculo.

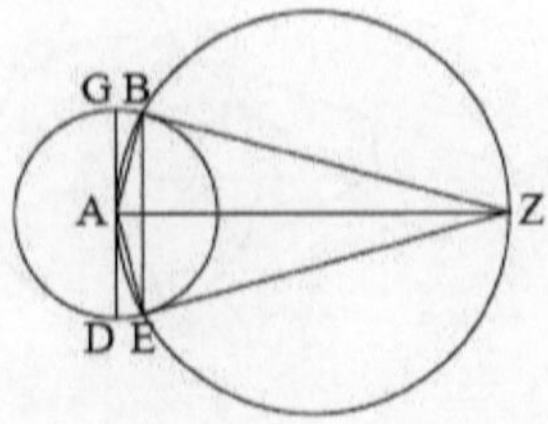

Pero este teorema es para conos y cilindros. Por lo tanto, si desde los puntos B y E se trazan con ángulos rectos los lados de los cilindros, los rayos tocarán en ellos por la parte por la que inciden, y la parte BGDE quedará cerrada de la vista, mientras que será vista la parte BE del semicírculo. Y se verá esa misma parte menor de los conos.

PROPOSICIÓN 29

Cuando el ojo se mueve más cerca del cilindro, la parte del cilindro alcanzada por los rayos es menor, pero parecerá que se ve mayor.

Sea un cilindro cuya base sea el círculo BG, y sea A su centro, y sea E el ojo, desde el que se dibuje EA hasta el centro, e incidan los rayos EB y EG, y desde los puntos B y G dibújense los lados del cilindro GZ y BD con ángulos rectos.

Ahora, según lo que hemos dicho anteriormente, DBGZ es menor que la mitad de un cilindro; y se verá mediante el ojo E[42].

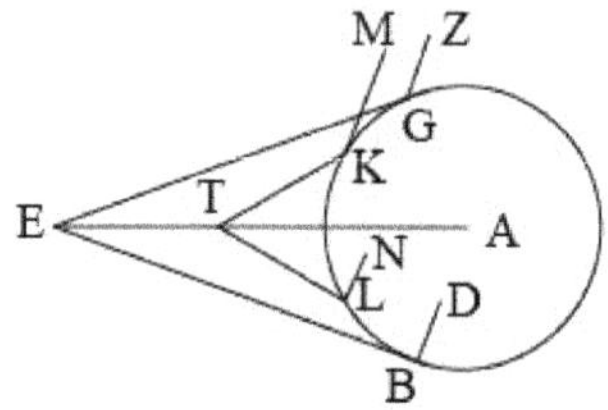

Muévase el ojo ahora al punto T, más cercano.

Digo que lo alcanzado por el ojo T, parece ser mayor que ZBGD, pero en realidad es menor.

Sean los rayos TK y TL, y trácense formando ángulos rectos desde los puntos K y L, los lados de los cilindros KM y LN.

Ahora, la parte del cilindro MKLN será vista por los rayos TK y TL. Pero ZGBD se ve mediante los rayos EB y EG. Y ZGBD es mayor que MKLN; pero parece menor, dado que el ángulo en T es mayor que el ángulo en E.

PROPOSICIÓN 30

Si se observa un cono, que tiene un círculo como base y el eje formando ángulos rectos con ella, se verá menos de la mitad del cono.

---

[42] Según la Definición 4.

Sea un cono, cuya base es el círculo BG, y su vértice el punto A, y sea D el ojo, desde el que inciden los rayos DB y DG.

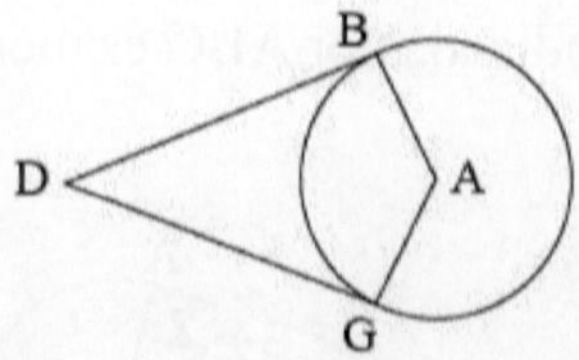

Y como los rayos DG y DB, han incidido tocando a BG[43], BG es menor que un semicírculo, como se ha demostrado previamente. Dibújese, desde el vértice A, los lados del cono AB y AG, hacia los puntos B y G. De manera que la parte incluida por las líneas rectas AB y AG, y el arco BG es menor que la mitad del cono, porque BG es menor que un semicírculo. Por lo tanto, se verá menos que un semicono.

PROPOSICIÓN 31

Si el ojo es llevado más cerca sobre el mismo plano en el que está la base del cono, la parte comprendida por la visión será menor, pero parecerá que la parte visible es mayor.

Sea un cono, cuya base sea el círculo AB, y su vértice el punto G, y sea el ojo D, y tómese G también como el centro del círculo, y dibújese la línea recta DG, e

[43] Es decir, tangentes a la circunferencia en los puntos B y G.

incidan los rayos DA y DB, y dibújense los lados del cono AG y GB.

Así, bajo el ojo D y las líneas de visión DA y DB, la parte del cono indicada por ABG es menor que la mitad de un cono.

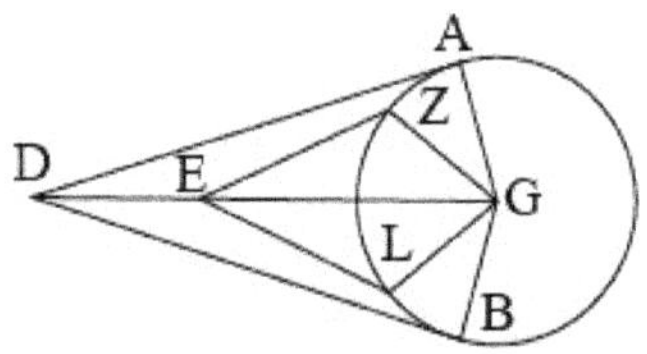

Muévase ahora el ojo a una posición más cercana E, e incidan los rayos EZ y EL, y dibújense los lados ZG y GL. Así, otra vez, bajo el ojo E y las líneas de visión EZ y EL, se incluirá la parte del cono ZGL. Y ZGL es menor que ABG; pero parece mayor, porque el ángulo ZEL es mayor que el ángulo ADB[44].

Y es evidente que, en el caso de un cono, cuando es visto por ambos ojos, ocurrirá lo mismo que con la esfera y el cilindro, cuando son vistos de la misma manera.

PROPOSICIÓN 32

Si inciden los rayos desde el ojo sobre la base del cono, y si desde los rayos incidentes y que tocan el cono se dibujan líneas rectas, desde sus puntos de contacto sobre la superficie del cono hacia el vértice de éste, y

---

[44] Según la Definición 4.

si se crean planos mediante las líneas que se han dibujado y que inciden desde el ojo sobre la base del cono, y si el ojo es situado sobre su punto de contacto, es decir, sobre la sección común de los planos, la parte del cono que se verá será la misma, si el ojo permanece sobre un plano paralelo al plano original.

Sea un cono, cuya base es el círculo BG y su vértice el punto A, y sea el ojo D, desde el que inciden los rayos DZ y DG, y desde los puntos de contacto Z y G, dibújense los lados del cono ZA y GA hacia el vértice del cono, y sea el plano que pasa por DZ y ZA, y el que pasa por GD y GA.

Así, se hará una línea recta de la sección común. Producirá como corte común una recta. Sea la recta AED.

Digo que si el ojo se mueve sobre la línea recta AED, se verá la misma parte del cono, tal y como se veía mediante los rayos DG y DZ.

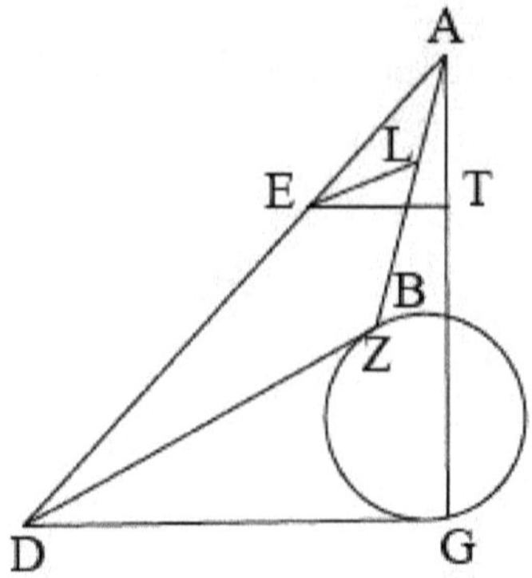

Sobre AED sitúese el ojo en E, desde el que incidan rayos sobre el cono. Alcanzarán AZ y AG, porque el ojo está situado sobre un plano paralelo, y los rayos visuales se desplazan mediante líneas rectas.

Pues, si cayeran fuera de AG y AZ, los rayos visuales serían fracturados; lo cual es imposible. Así, sean ET y EL. Ahora, como los rayos visuales se mueven sobre un plano paralelo en línea recta, y como las cosas vistas con ángulos iguales parecen iguales[45], y como todos los rayos paralelos sobre la línea recta AED contienen ángulos iguales, se verá una misma parte del cono.

PROPOSICIÓN 33

De nuevo, si el ojo cambia desde una posición más baja, hasta otra más alta, la parte del cono vista será mayor, pero parecerá menor, mientras que, por otro lado, si el ojo baja, la parte vista será menor, pero parecerá mayor.

Sea un cono, cuya base sea el círculo BG, y su vértice el punto A, y sean BA y AG los lados del cono. Unánse B y G, y sea BL continuación de BG, y a través del punto T, tomado al azar, dibújese la recta TK paralela a AB.

---

[45] Según la Definición 4.

Digo que la parte del cono que es vista será mayor, pero parecerá menor, si se sitúa el ojo en el punto T, en lugar de en el punto K.

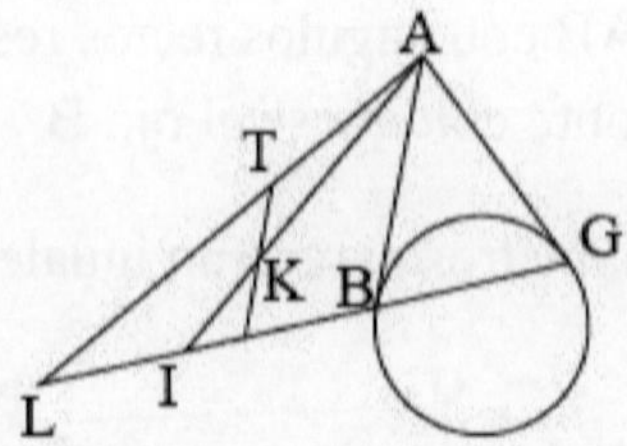

Únanse A y K, y A y T, y prolónguense AT hacia L y AK hacia I. De manera que, al poner el ojo en L y en I, las partes del cono vistas parecerán distintas, y la parte vista desde L será mayor, y la parte vista desde I, aunque sea menor, parecerá mayor.

Pero la parte vista desde L es igual que la parte vista desde T, y la parte vista desde I es igual que la parte vista desde K, como hemos visto antes[46].

Por lo tanto, si el ojo se sitúa en T, la parte del cono vista será mayor que si el ojo se sitúa en K, pero parecerá menor.

PROPOSICIÓN 34

Si se traza una línea recta desde el centro de un círculo, formando ángulos rectos con el plano del

[46] En la proposición anterior.

círculo, y se coloca el ojo sobre ésta, todos los que cruzan el plano del círculo parecerán iguales.

Sea un círculo, cuyo centro sea el punto A, y desde él, álcese la línea AB con ángulos rectos respecto al plano del círculo, y sobre colóquese el ojo B.

Digo que los diámetros parecerán iguales.

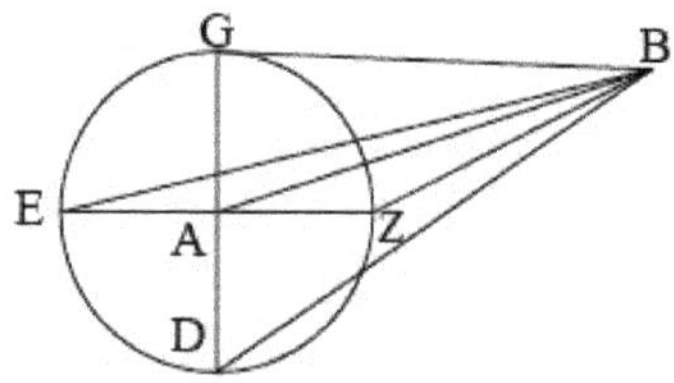

Sean dos diámetros GD y EZ, y dibújense las líneas BG, BE, BD y BZ. Ahora, como ZA es igual a AG, y AB es común a ellas, y los ángulos son rectos, entonces la base ZB es igual a la base BG, y los ángulos de las bases son iguales. Por lo tanto, el ángulo comprendido por ZB y BA es igual al comprendido por AB y BG. De manera similar, también el ángulo EBA es igual al ángulo ABD. Luego el ángulo GB y BD es igual al ángulo EB y BZ. Y las partes vistas bajo ángulos iguales parecen iguales[47]. Luego GD es igual a EZ.

Anexo

Y si la recta trazada desde el centro no forma ángulos rectos con el plano, pero es igual a la línea desde el centro [es decir, el radio del círculo], todos los diámetros parecerán iguales.

---

[47] Según la Definición 4.

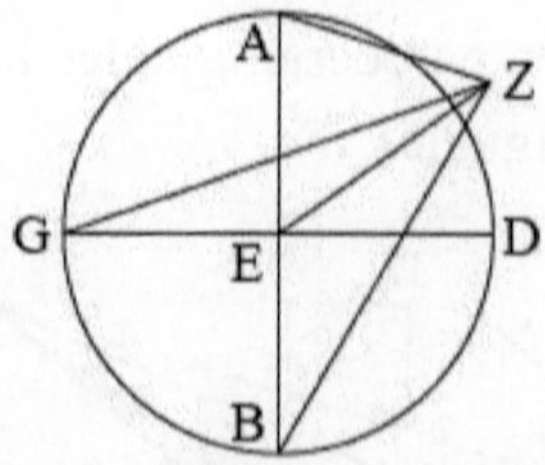

Sea el círculo ABGD y dibújese en él dos diámetros AB y GD, y desde el punto E, sea la línea ZE, sobre la que está el ojo Z, sin formar ángulos rectos, pero igual a cada una de las líneas desde el centro[48], y dibújense los rayos ZA, ZG, ZB y ZD.

Ahora, como BE es igual a EZ, y EA es igual a EZ, las tres líneas EZ, EA y EB son iguales. Así, el semicírculo dibujado en el plano formado por AB y EZ pasará por el punto Z. Por lo que, el ángulo entre AZ y ZB es recto. De manera similar, también el ángulo entre GZ y ZD es recto. Los ángulos rectos son iguales, y las cosas vistas con ángulos iguales parecen iguales[49]. Luego AB parecerá igual a GD.

Anexo

Pero no sea AZ igual a la línea desde el centro[50], y no forme ángulos rectos con el plano del círculo, pero sean iguales los ángulos DAZ y ZAG, y los ángulos EAZ y ZAB.

---

[48] Es decir, los radios.
[49] Según la Definición 4.
[50] Es decir, el radio.

Digo que también parecerán iguales los diámetros que forman ángulos iguales.

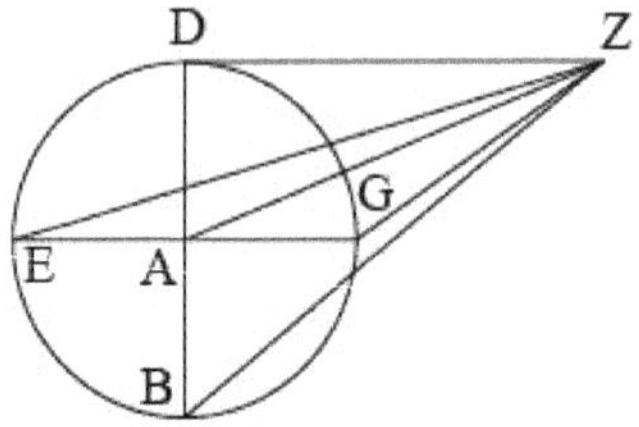

Porque, como GA y AZ son iguales a ZA y AD, y como BA y AZ son iguales a ZA y AE, y como los ángulos son iguales, la base DZ es igual a la base ZG; de manera que también el ángulo DZA es igual al ángulo AZG. Ahora, de manera similar, mostraremos que también el ángulo EZA es igual al ángulo AZG. Por lo tanto, el ángulo total DZB es igual EZG. Luego también los diámetros DB y EG parecerán iguales[51].

PROPOSICIÓN 35

Pero si la línea que incide desde el ojo hacia el centro del círculo no forma ángulos rectos con el plano del círculo, ni es igual al radio, ni tiene ángulos iguales, los diámetros con los que forma ángulos desiguales parecerán desiguales.

---

[51] Según la Definición 4.

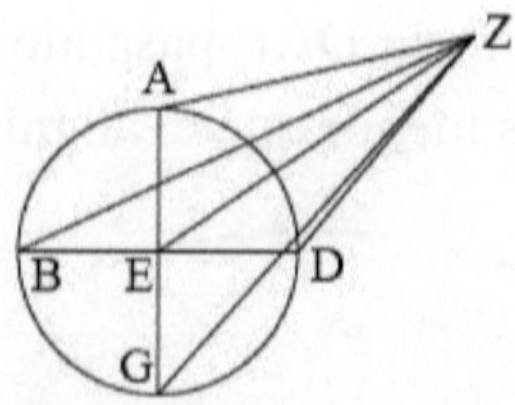

Sea el círculo ABGD, y dibújense dos diámetros AG y BD, que se cortan mutuamente con ángulos rectos en el punto E; y la sea la línea ZE, que comienza en el punto E, sobre la cual está situado el ojo, no sean rectos los ángulos con el plano, ni iguales al radio, ni tengan con las rectas AG y DB ángulos rectos.

Digo que los diámetros AG y DB parecerán desiguales.

Dibújense ZG, ZA, ZD y ZB. Así, la línea EZ es mayor que el radio o menor. De esta manera, el ángulo entre DZ y ZB es mayor que el ángulo entre GZ y ZA, o el ángulo GZ y ZA mayor que el ángulo DZ y ZB, como a continuación demostraremos.
Luego los diámetros se verán desiguales.

Teorema

Sea un círculo, cuyo centro sea el punto A, y sea B el ojo, y trácese una perpendicular al círculo, que no caiga sobre el centro A, sino fuera, y sea BG y desde A dibújese AG hasta G, y desde A dibújese AB hasta B.

Digo que de todos los ángulos comprendidos por las rectas trazadas por el punto A y que forman un ángulo con la recta AB, el menor es el ángulo formado por GA y AB.

Dibújese la línea recta DAE pasando por A. Digo que el ángulo GAB es menor que el ángulo EAB.

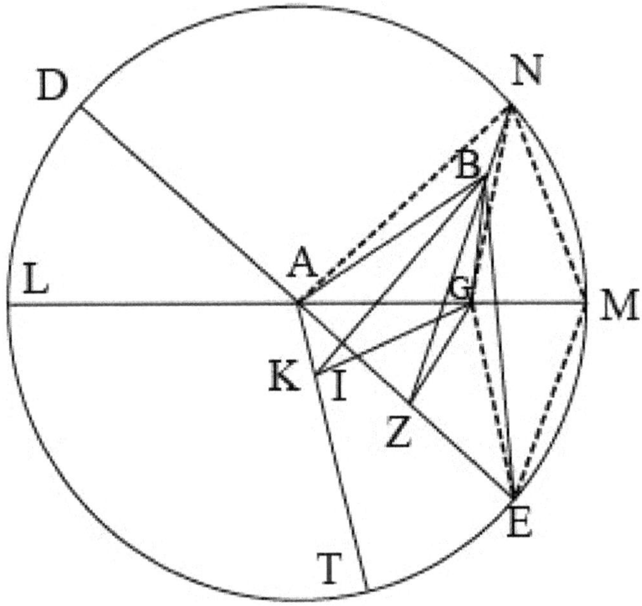

Dibújese desde G hasta DE la perpendicular GZ en el plano, y únase B y Z. Así, también BZ es perpendicular a DE. Ahora, como el ángulo GZA es recto, el ángulo AGZ es menor que un ángulo recto. Y el lado mayor subtiende el ángulo mayor.

Por lo que, AG es mayor que AZ. Pero los ángulos AG y GB, y BZ y ZA son rectos; así que GB y BZ son desiguales. Y, por lo tanto, el ángulo ZA y AB es mayor que el ángulo GA y AB. Ahora, de manera similar, se demostrará que de todos los ángulos formados por las líneas rectas trazadas por el punto A y que tienen un ángulo con la línea recta AB, el menor es el ángulo GA y AB.

Y es evidente que, si se traza cualquier otra línea recta por el punto A, como AT, que esté más lejos que AZ de AG, el ángulo BAT será mayor que el ángulo BAZ.

Pues, de nuevo, si se traza GK perpendicular a AT, B y K unidas será igualmente perpendicular a AT. Y como AI es mayor que AK [porque subtiende el ángulo recto AKI], AZ es mucho mayor que AK. Y los ángulos BZA y BKA son ángulos rectos. Por lo tanto, BZ es menor que BK, porque las distancias desde BZ y ZA, y las distancias desde BK y KA son iguales a la distancia desde BA, e iguales entre ellas y, de nuevo el ángulo BAK es mayor que el ángulo BAZ. Y de todos los ángulos formados entre la recta BA y las rectas que pasan por el punto A, el mayor es el ángulo BAL, GA se ha formado por L, así que también el ángulo BAG es menor que todos.

Y las líneas son iguales porque por cada lado dista lo mismo de MA por cada lado, la línea que forma el ángulo menor con BA. Porque, sea MN igual a EM y dibújense EM, MN, EG, GN, BA, BN y AN. Ahora, como MN es igual a ME, y MG es común, y ambos tienen ángulos iguales, EG también es igual a GN. Y GB es una perpendicular común. Por lo tanto, EB es igual a BN. Pero también EA es igual a AN; y AB es común. Y el ángulo EAB es igual al ángulo NAB.

Anexo

Sea un círculo, ABGD, cuyo centro sea Z, en el cual se tracen rectas que pasen por A, B, G y D que se corten mutuamente formando ángulos rectos, y sea E el ojo, desde el cual sea una línea recta que lo une con el centro, formando ángulos rectos con GD, pero con AB forme un ángulo cualquiera; y sea esta línea, EZ, mayor que el radio del círculo.

Digo que los diámetros AB y GD parecerán desiguales, que GD parecerá más largo y AB más corto, y que siempre el más cercano al más corto parecerá más corto que el más lejano, y que sólo dos diámetros parecerán iguales, aquellos igualmente distantes del más corto.

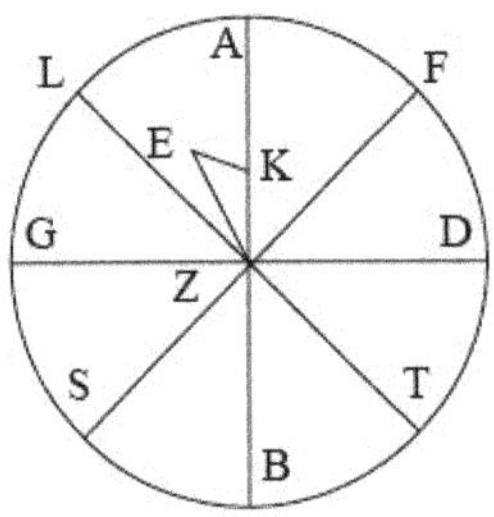

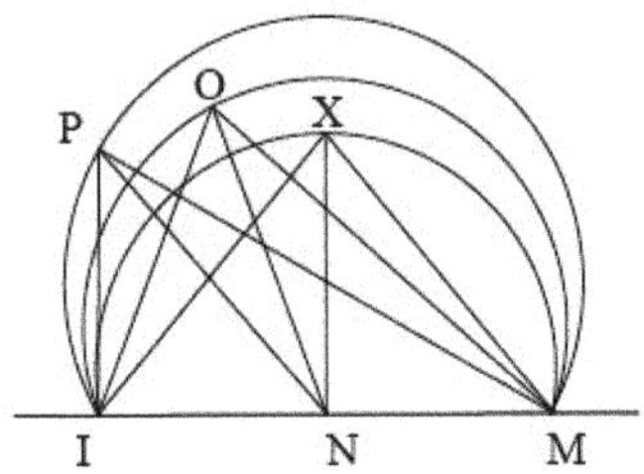

Porque, como GD forma ángulos rectos con cada una de las rectas AB y EZ, también todos los planos que pasan por GD, forman ángulos rectos con el plano que pasa por EZ y AB; lo que es cierto también para el supuesto plano del círculo, sobre el cual está GD.

Así pues, dibújese una perpendicular desde el punto E hacia el plano inferior. Ésta cae sobre la sección común de los planos, AB. Ahora, caiga también EK, y dibújese IM, igual al diámetro del círculo, y divídase en dos partes por el punto N, y trácese desde N la recta NX formando ángulos rectos con IM, y sea NX igual a EZ. Ahora, el arco inscrito en torno a IM y que pasa por X es mayor que un semicírculo, porque la línea NX es más larga que IN o NM. Sea el arco IXM, y únanse XI y XM. El ángulo en X formado por las líneas rectas IX y XM es igual al ángulo en el punto E formado por E y por GD.

Sobre la línea recta IN y el punto N, fórmese el ángulo IN y NO, igual al ángulo LZ y ZE, y sea NO igual a EZ, y únanse IO y OM, e inscríbase el arco IOM en torno al triángulo IOM. Ahora, el ángulo en el punto O será igual al ángulo con E, formado por LET. De nuevo, sobre la línea recta IN y sobre su punto N, sea formado el ángulo IN y NP igual al ángulo AZE, y sea NP igual a EZ, y únanse IP y PM, y inscríbase en torno al triángulo IPM el arco de un círculo IPM. Ahora, el ángulo con el punto P será igual al ángulo AEB. Ahora, como el ángulo en X es mayor que el ángulo en O, pero el ángulo en el punto X es igual al ángulo GED, y el ángulo en O es igual al ángulo LET, GD parecerá más largo que LT. De nuevo, como el ángulo en el punto O es igual al ángulo LET, y el ángulo en P es igual al ángulo AEB, y como el ángulo en O es mayor que el ángulo en P, también el ángulo LET es mayor que el ángulo AEB. Por lo tanto, LT parecerá más largo que AB. Ahora, de todas las líneas rectas que pasan por el punto Z y que forman ángulos con EZ, GD parecerá la más larga y AB la más corta, porque, de los ángulos formados en E, GED es el mayor y AEB el menor. Y sólo otro ángulo, FES, podrá ser igual al ángulo LET, AF que igual a LA queda excluido, y FZ se prolonga hacia S. Y esto es evidente desde los ángulos de los puntos X, O y P. De estos el menor es el de vértice en P, porque el ángulo PNI es igual al ángulo menor, EZA, y el mayor es X, teniendo en cuenta que NX es una perpendicular, la más larga de las líneas rectas trazadas por el punto N en el arco IXM, y porque el arco IXM cae sobre la línea igual, y porque X es el que cae más adentro mientras que P es el que cae más afuera, no existe ningún ángulo menor que PNI. Y, el ángulo EZF, que es igual al ángulo EZL, como ya ha sido demostrado, también el ángulo adyacente EZS es igual al ángulo EZT, es decir, al ángulo ONM. Por lo que cada uno de los ángulos, FES y LET son iguales al ángulo en O. Luego LT parecerá igual que FS.

Anexo

Sea menor la recta trazada desde el ojo al centro que el radio. En ese caso sucederá lo contrario en relación con los diámetros; el que antes parecía más largo ahora parecerá más corto; y el más corto parecerá más largo.

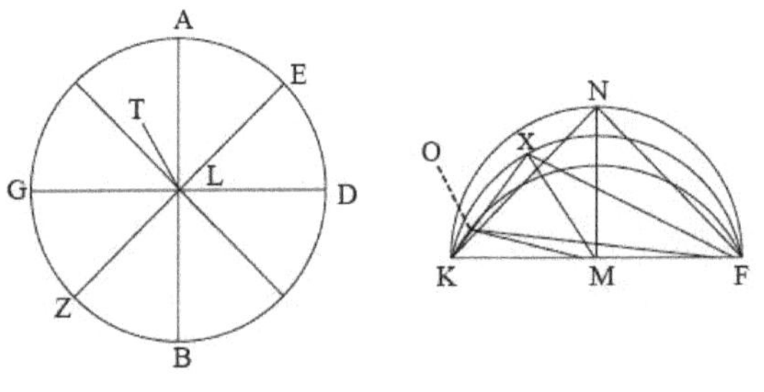

Sea un círculo ABGD y trácense dos diámetros, AB y GD, que se cortan mutuamente con ángulos rectos, y sea otro diámetro trazado al azar EZ, y sea T el ojo, a partir del cual sea la línea trazada hasta el centro LT, y sea esta línea menor que cada uno de los radios. Y sea trazado KF, igual al diámetro del círculo, y córtese en dos partes iguales por el punto M, y desde el punto M álcese MN en ángulo recto, y sea MN igual a TL, e inscríbase el arco del círculo NKF, en torno a KF y el punto N.

Ahora, es menor que un semicírculo, porque MN es menor que el radio. Y el ángulo en N, formado por KN y FN será igual al ángulo con vértice en T formado por GT y TD. De nuevo, sea el ángulo KMX igual al ángulo ELT, y sea MX igual a LT, e inscríbase el arco KXF en torno a KF y al punto X.

Ahora, el ángulo en el punto X formado por KXF es igual al ángulo con vértice en T formado por ZTE. De nuevo, sea el ángulo formado por KM y MO igual al ángulo AL y LT, y sea MO igual LT, e inscríbase un arco en torno a KF y al punto O.

Ahora, el ángulo de vértice O formado por KOF será igual al ángulo en T formado por ATB. Así, como el ángulo en O es mayor que el ángulo en X, y el ángulo en O es igual al ángulo en T formado por ATB, y el ángulo en X es igual al ángulo en T formado por ETZ, AB parecerá mayor que EZ. De nuevo, como el ángulo en T formado por ET y TZ es mayor que el ángulo en T formado por GTD, EZ parecerá más largo que GD.

PROPOSICIÓN 36

Las ruedas de los carros parecen a veces circulares, a veces distorsionadas.

Sea la rueda ABGD, y trácense los diámetros BA y GD, que se cortan mutuamente con ángulos rectos en el punto E, y no esté el ojo en el plano del círculo.

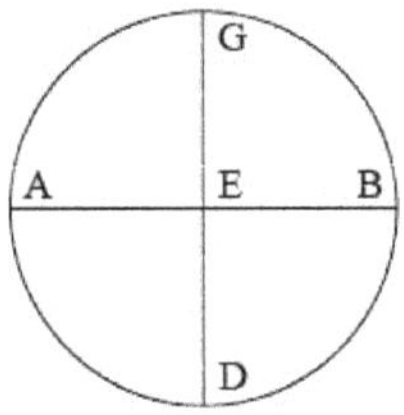

Ahora, si la recta trazada del ojo hacia el centro forma ángulos rectos con el plano o es igual al radio, todos los diámetros parecerán iguales; por lo que la rueda parece circular.

Pero si la línea trazada desde el ojo al centro no forma ángulos rectos con el plano o no es igual al radio, los diámetros parecerán desiguales, uno más largo y otro más corto, y para cualquier otro trazado entre los diámetros más largo y más corto, sólo un diámetro parecerá igual, el trazado desde el lado opuesto; por lo que la rueda parece distorsionada.

PROPOSICIÓN 37

Hay un lugar en el cual, si el ojo permanece en la misma posición, mientras que el objeto visto cambia de posición, el objeto visto siempre parece del mismo tamaño.

Sea el ojo A y el tamaño del objeto visto BG, y desde el ojo incidan los rayos AB y AG, y en torno a ABG sea inscrito el círculo ABG.

Digo que hay un lugar en el cual, si el ojo permanece en la misma posición, mientras que el objeto visto se mueve, el objeto visto siempre parece del mismo tamaño.

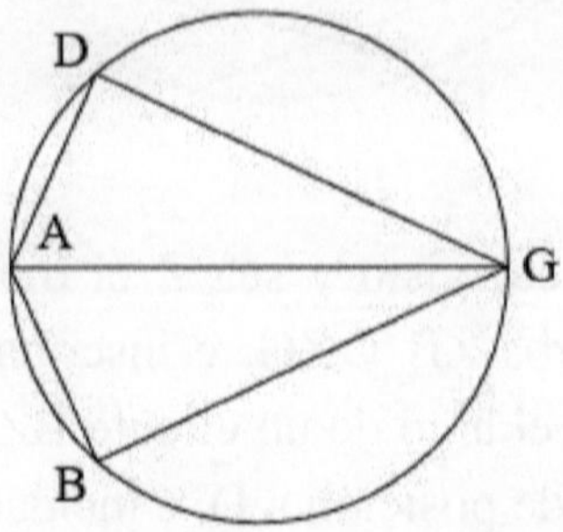

Cambie de posición el objeto y sea este [movimiento] indicado con DG, y sea AD igual a AB. Ahora, como BA es igual a AD, y BG igual a GD, también BAG es igual a DAG. Porque están sobre arcos de circunferencia iguales; por lo que son iguales. Luego el objeto visto parecerá del mismo tamaño[52].

Y lo mismo sucederá también si el ojo permaneciera en el centro del círculo, y el objeto visto se moviera sobre el arco de la circunferencia.

---

[52] Según la Definición 4.

PROPOSICIÓN 38

Hay un lugar en el cual, si el ojo cambia de posición, mientras que el objeto visto permanece en el mismo lugar, el objeto visto siempre parece del mismo tamaño.

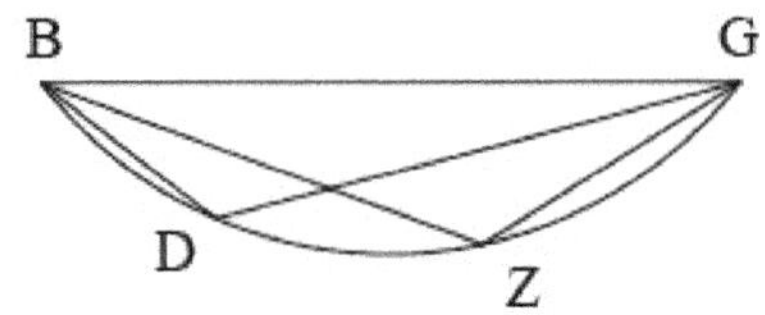

Sea BG el objeto visto y sea Z el ojo, desde el que inciden los rayos ZB y ZG, e inscríbase en torno al triángulo BZG el arco de un círculo BZG, y sea el ojo Z, que cambia de posición a D, e incidan los rayos DB y DG. Ahora, el ángulo D es igual al ángulo Z; porque tienen el mismo arco. Y los objetos vistos con el mismo ángulo parecen iguales[53].

Por lo tanto, BG siempre parecerá del mismo tamaño, cuando el ojo cambie de posición sobre el arco BDG.

PROPOSICIÓN 39

Si un objeto es perpendicular al plano que queda debajo, y el ojo se coloca sobre un punto del plano, y si el objeto visto cambia de posición sobre la circunferencia de un círculo que tiene por centro el ojo, el objeto visto parecerá siempre del mismo tamaño

[53] Según la Definición 4.

cuando se mueve de manera paralela a la posición original.

Sea AB un objeto que es visto situado perpendicular al plano, y sea G el ojo. Y únanse G y B, y con G como centro y GB como radio sea inscrito el círculo BD.

Digo que, si sobre la circunferencia del círculo se mueve el objeto AB, desde el ojo G, AB se verá del mismo tamaño.

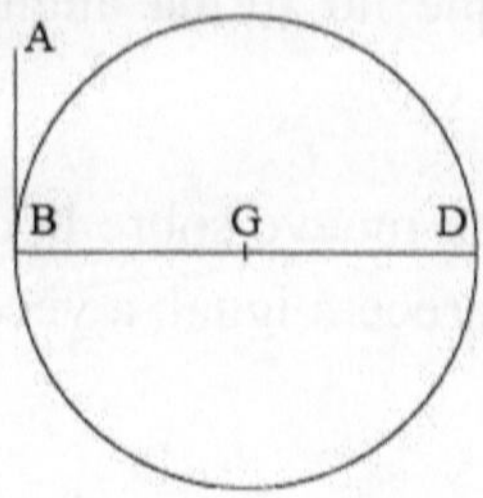

Porque AB es una perpendicular y forma un ángulo recto con BG, y todas las líneas rectas que inciden desde el centro G sobre la circunferencia del círculo forman ángulos iguales. Por lo que el objeto visto parecerá del mismo tamaño.

Y si desde el centro G se traza una línea recta perpendicular y el ojo se coloca sobre ella, y el objeto visto se mueve a lo largo de la circunferencia del círculo, paralelo a la línea recta sobre la que está el ojo, el objeto visto se verá siempre del mismo tamaño.

PROPOSICIÓN 40

Pero si el objeto visto no es perpendicular al plano inferior, y, siendo igual al radio, se mueve sobre la circunferencia del círculo, parecerá a veces igual a sí mismo, y a veces diferente, si cambia a una posición paralela a su posición original.

Sea el círculo AD y tómese el punto D sobre su circunferencia, y álcese la línea DZ, de tamaño igual que el radio, y que no forma ángulos rectos con el círculo, y sea E el ojo.

Digo que DZ, si se mueve sobre la circunferencia del círculo, a veces parecerá igual, a veces mayor, a veces menor.

Ahora, trácese por el punto E, que es el centro, GE paralela a DZ, y sea EG igual a DZ. Y por el punto G trácese la recta GL perpendicular al plano inferior y únase con el plano en el punto L. Y trácese EL y únase con la circunferencia en el punto A, y trácese AB paralela a GE, y sea AB igual a DZ.

Digo que, de todas las rectas que se mueven sobre la circunferencia del círculo, AB parecerá la más corta.

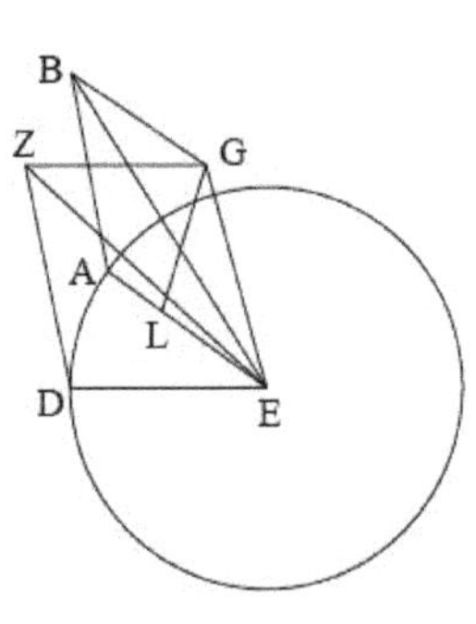

Trácense las líneas rectas ED, GZ, GB, EB y ZE. Ahora, como GE es paralela e igual a AB, también EA es igual y paralela a GB. Por lo que, AEGB es un paralelogramo. Por la misma razón también EDZG es un paralelogramo. Y queda por demostrar que el mismo objeto parece más corto y más largo.

Ahora, es evidente que el ángulo GEA es menor que el ángulo GED, porque se ha demostrado que de todas las líneas rectas trazadas por el centro y que forman un ángulo, el ángulo GEA es el más corto[54]. Por lo tanto, también es menor que el ángulo GED. Y el ángulo BEA es la mitad del ángulo GEA; porque BE es un paralelogramo equilátero; y el ángulo ZED es la mitad del ángulo GED; porque ZE también es un paralelogramo equilátero. Por lo que el ángulo BEA es menor que el ángulo ZED. De modo que el objeto AB parecerá menor que el objeto DZ.

Y es evidente por la tesis recién demostrada que se verá lo más pequeño en el punto A, lo más grande en el punto diametralmente opuesto a A, e igual a una distancia igual del punto A por cualquiera de los dos lados.

PROPOSICIÓN 41

Pero si el objeto visto forma ángulos rectos con el plano inferior, y el ojo se mueve sobre la circunferencia de un círculo, que tiene por centro el

---

[54] Según el Teorema de la Proposición 35.

punto en el cual el objeto se une con el plano, el objeto visto parecerá siempre del mismo tamaño.

Sea AB el objeto visto, que forma ángulos rectos con el plano que queda abajo, y sea el ojo G. Y con B como centro y radio BG, inscríbase el círculo GD.

Digo que si G se mueve sobre la circunferencia del círculo, AB siempre parecerá igual.

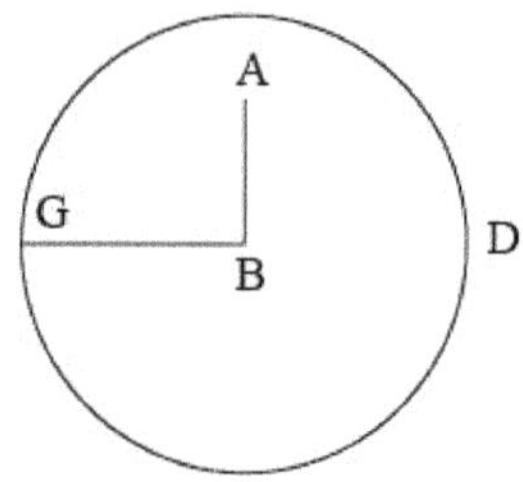

Esto es evidente. Porque todos los rayos desde el punto G que inciden sobre AB tienen ángulos iguales, dado que el ángulo de B es recto. Luego el objeto visto se verá del mismo tamaño[55].

PROPOSICIÓN 42

Si el objeto visto permanece en su posición original y el ojo se mueve en una línea recta que es oblicua al objeto visto, el objeto parece a veces del mismo tamaño, y a veces de diferente tamaño.

---

[55] Según la Definición 4.

Sea AB el objeto visto, y sea E el ojo, y sea GD una línea recta oblicua, y sea GA una continuación de BA, y únase con DG en G, y muévase sobre ella el ojo.

Digo que AB parece a veces del mismo tamaño, y a veces de diferente tamaño.

Tómese GE, la media proporcional de BG y GA, y sea E el ojo y cambie de posición, y esté sobre la misma línea recta en D.

Digo que el objeto visto desde E y D parece de diferente tamaño.

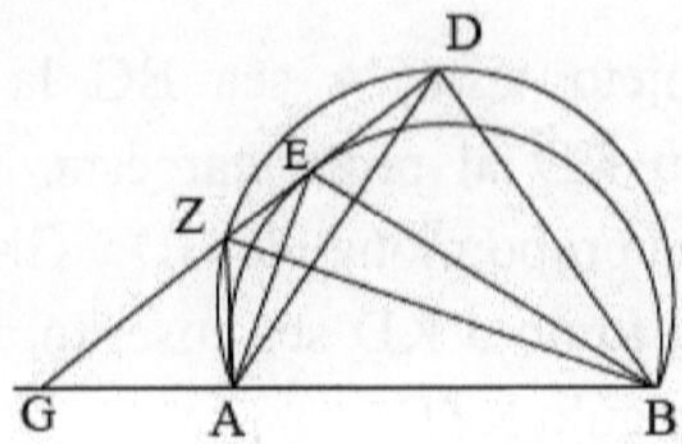

Trácense las líneas rectas AE, EB, AD y BD, y en torno al triángulo AEB, inscríbase el arco AEB, y sea el ángulo formado por GA y AZ igual al ángulo formado por GD y DB, y trácese BZ. Ahora B, A, Z y D son puntos que están en un círculo.

Así, como el ángulo AEB es mayor que el ángulo AZB, y el ángulo AZB es igual al ángulo formado por AD y DB, porque están en el mismo arco, también el ángulo AEB es mayor que el ángulo ADB. Pero bajo el ángulo ADB, se ve AB cuando el ojo está en D, y bajo el ángulo AEB se ve el mismo AB ojo está en E. Por lo tanto, el objeto visto parece de diferente tamaño cuando el ojo se mueve sobre la línea recta ED[56].

Y también es evidente que cuando el ojo se mueve sobre la línea EG, el objeto visto parece de diferente tamaño, y que parece más grande desde la posición E, pero siempre mayor en una posición más cercana a E sobre cualquiera de las líneas rectas ED y EG, y del mismo tamaño en Z y D y en las posiciones tomadas de la misma manera que éstas, por el hecho de que los ángulos están sobre el mismo arco.

Anexo

Sea KD el objeto visto, y sea BG la línea recta coincidente con KD al prolongar ésta. Tómese GZ como una media proporcional de GD y GK, y trácense ZK y ZD, y en torno a KD sea inscrito un arco, que comprenda el ángulo KZD.

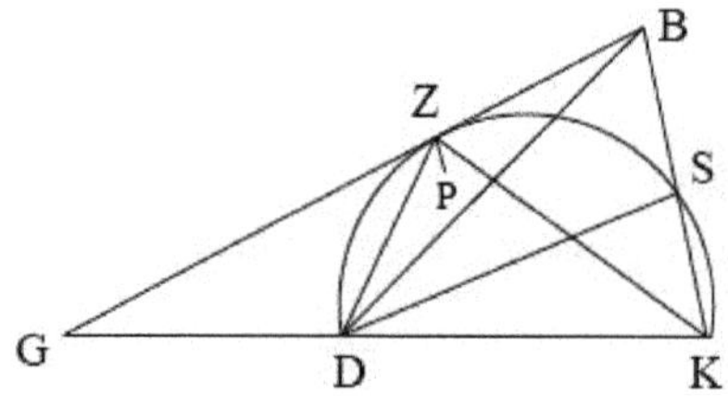

Ahora tocará la línea recta BG, porque como KG es a GZ, GZ es a GD. Ahora, esté situado el ojo en el punto B, y añádanse DB y BK. Ahora, esté el ojo en el punto B, y añádanse DB y BK. Y únanse S y D. Así, el ángulo P es igual al ángulo S; porque ambos están sobre el

[56] Según la Definición 4.

mismo arco. Y el ángulo S es mayor que el ángulo B; por lo que el ángulo P es mayor que el ángulo B.

Por lo tanto, cuando el ojo está en Z, KD parece mayor que cuando está en B.

PROPOSICIÓN 43

Y lo mismo sucederá si la línea recta es paralela al objeto visto.

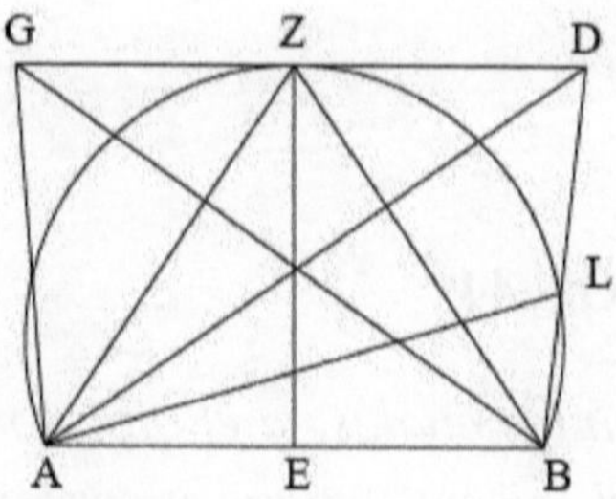

Sea AB el objeto visto y córtese en dos partes iguales en el punto E, y desde E eríjase EZ formando ángulos rectos con AB, sobre la cual esté situado el ojo en Z, y trácense las líneas rectas ZA y ZB, y en torno al triángulo AZB inscríbase el arco AZB, y trácese ZD, por el punto Z, paralela a AB, y muévase el ojo a D, e incidan los rayos AD y DB.

Digo que desde los puntos D y Z los objetos parecerán de diferente tamaño.

Únanse A y L. Ahora, como el ángulo AZB es igual al ángulo ALB, pero el ángulo ALB es mayor que el ángulo ADB, el ángulo AZB también es mayor que el ángulo ADB.

Y AB se ve bajo el ángulo AZB cuando el ojo está en Z, y de manera similar bajo el ángulo ADB cuando el ojo está en D.

Por lo tanto, el objeto visto parece de diferente tamaño desde los puntos D y Z[57].

Y si se dibuja ZG igual a DZ, el objeto parece más pequeño desde G que desde Z, pero desde G y D parece igual.

PROPOSICIÓN 44

Hay lugares en los cuales, si el ojo se mueve de ellos, los objetos del mismo tamaño y cercanos entre ellos parecen unas veces del mismo tamaño, y otras de diferente tamaño.

Sea T el ojo, y sean AB y BG los objetos, y desde B trácese BZ formando ángulos rectos, y prolónguese hasta D. Ahora, es evidente que, si el ojo se pone en cualquier parte de la línea ZD, AB y BG parecerán iguales.

Ahora, muévase el ojo y esté en E.

[57] Según la Definición 4.

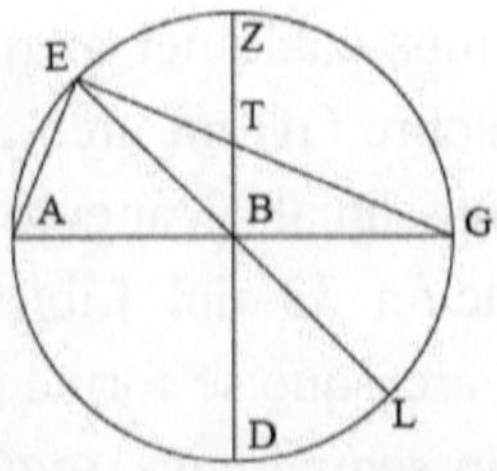

Digo que desde E los objetos parecen de tamaños desiguales.

Incidan los rayos EA, EB y EG, y en torno al triángulo AGE sea inscrito el círculo AEGD, y sea BL una prolongación de EB. Ahora, como el arco AD es igual al arco DG, y como el arco ADL es mayor que el arco LG, AB parecerá mayor que BG. Y si el ojo se mueve sobre la línea EL, los objetos parecerán, del mismo modo, desiguales; y si se coloca sobre las partes del círculo fuera de la perpendicular, los objetos parecen desiguales, y si se coloca fuera del círculo, sin estar en línea con DZ, parecen desiguales.

Anexo

Sea BG igual a GD, y en torno a BG inscríbase el semicírculo BZG, y en torno a GD inscríbase GZD, mayor que un semicírculo; Y es evidente que cortará al semicírculo antes mencionado. Y es posible inscribir sobre GD un arco mayor que un semicírculo.

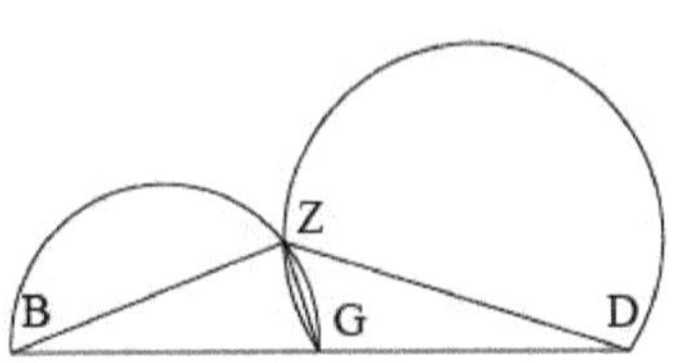

Porque si suponemos cualquier ángulo agudo, nos es posible inscribir sobre GD un arco de un círculo que contenga un ángulo igual al ángulo agudo supuesto, según la Proposición 33 del Libro Tercero de los Elementos[58], y el arco que se forme sobre este ángulo será mayor que un semicírculo, según la Proposición 31 del Libro Tercero de los Elementos[59].

Y trácense BZ, ZG y ZD. Así, el ángulo en el semicírculo es mayor que el ángulo inscrito en el arco mayor. Y los objetos vistos bajo un ángulo mayor parecen mayores[60]; por lo tanto, BG parece mayor que GD. Pero era igual. Hay, por lo tanto, un lugar común

---

[58] Esta Proposición explica cómo trazar sobre una recta dada un arco de circunferencia capaz de contener un ángulo igual a otro ángulo dado (Euclides, 1774).

[59] Esta Proposición explica cómo, si dividimos una circunferencia mediante la diagonal BC, si trazamos un punto llamado A sobre el perímetro de la circunferencia, y calculamos el ángulo BAC, éste siempre será recto, por caer el punto A, que es el vértice del ángulo, sobre el perímetro de la circunferencia, y los dos extremos del ángulo, B y C, sobre el perímetro y siendo opuestos entre sí. Por el contrario, el ángulo ABC será menor de noventa grados, porque el vértice del ángulo se encuentra en uno de los extremos de la diagonal. Por último, si trazamos un punto D sobre el perímetro y formamos el ángulo ADC, es decir, con vértice en el punto D, y con los extremos en A y C, no siendo A y C los extremos de la diagonal, el ángulo resultante no será mayor de noventa grados. Por lo tanto, en el ejemplo concreto que se presenta en el Anexo de la Proposición 44, si el ángulo DZG no está formando un ángulo recto (como propone la Proposición 31 del Libro 3 de los Elementos), sino un ángulo agudo, es porque el sector de la circunferencia no es un semicírculo, sino que ocupa una extensión mayor (Euclides, 1774).

[60] Según la Definición 4.

en el cual, si se pone el ojo, los objetos iguales parecen desiguales. [...][61].

PROPOSICIÓN 45

Hay un lugar en el que los objetos de desigual tamaño parecen iguales.

Sea BG mayor que GD, y en torno a BG sea inscrito un arco mayor que un semicírculo, y en torno a GD sea inscrito un arco similar al descrito en torno a BG, esto es, que contenga un ángulo igual al que hay en BZG.

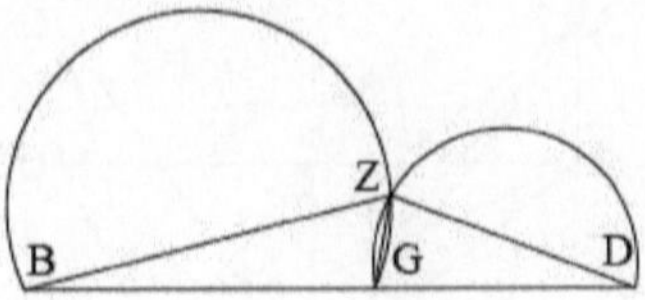

Ahora, los arcos se cortarán mutuamente. Córtense en Z, y trácense ZB, ZG y ZD. Así, como los ángulos que están inscritos en arcos semejantes son iguales entre sí, también los ángulos de las secciones BZG y GZD son iguales entre sí. Y los objetos vistos bajo ángulos iguales parecen iguales[62].

Por lo que si el ojo se sitúa en el punto Z, BG parecería igual a GD. Pero en realidad es mayor. Luego hay un

[61] El resto de este Anexo está deteriorado en las versiones que han llegado a nuestros días y no se puede traducir.
[62] Según la Definición 4.

lugar común, desde el que los objetos de desigual tamaño parecen iguales.

PROPOSICIÓN 46

Existen lugares en los cuales el ojo se puede mover y los objetos de igual tamaño que son perpendiculares con el plano inferior parecen a veces de igual tamaño, y a veces de tamaño desigual.

Sean AB y GD dos objetos de igual tamaño perpendiculares a un plano inferior.

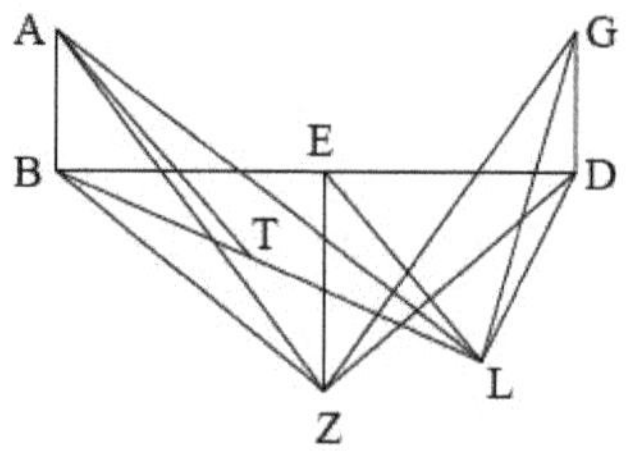

Digo que hay un lugar en el que, si se pone el ojo en él, AB y GD parecen iguales.

Trácese BD desde B hacia D, y córtese en dos partes iguales por el punto E, y desde E trácese EZ formando ángulos rectos con DB.

Digo que si se pone el ojo sobre EZ, AB y GD parecerán iguales.

Esté situado el ojo sobre EZ y marque Z la posición del ojo, e incidan los rayos AZ, ZB, ZE, ZD y ZG. Ahora, la línea recta ZB es igual a ZD. Pero también AB es igual a GB. Por lo que las dos líneas AB y BZ son iguales a las otras dos GD y DZ. Y contienen ángulos rectos; por lo que el ángulo BZA es igual al ángulo DZG. Así, AB y GD parecerán iguales[63].

Digo, sin embargo, que también pueden parecer desiguales.

Ahora, muévase el ojo, e indíquese con L, y únanse L y E, e incidan los rayos LB, LA, LG y LD. Así, LB es más largo que LD. De LB quítese BT, igual a LD, y únanse A y T.

Ahora el ángulo BTA es igual al ángulo GLD. Pero el ángulo BTA es mayor que el ángulo BLA, el ángulo exterior es mayor que el interior[64]. Y por lo tanto, el ángulo GLD es mayor que el ángulo BLA.

Luego GD parecerá mayor que AB.

PROPOSICIÓN 47

Hay ciertos lugares donde se puede poner el ojo, y los objetos de tamaño desigual puestos juntos parecerán en su conjunto iguales que cada uno de los objetos desiguales.

---

[63] Según la Definición 4.

[64] Según la Proposición 16 del Libro 1 de los Elementos, si prolongamos un lado de cualquier triángulo, el ángulo externo siempre es mayor que cualquiera de los ángulos internos opuestos (Euclides, 1774).

Sea BG mayor que GD, e inscríbanse semicírculos en torno a BG y GD, y otro en torno a la recta entera BD. Así, el ángulo en el semicírculo BAD es igual al ángulo en BKG; cada uno de ellos es recto.

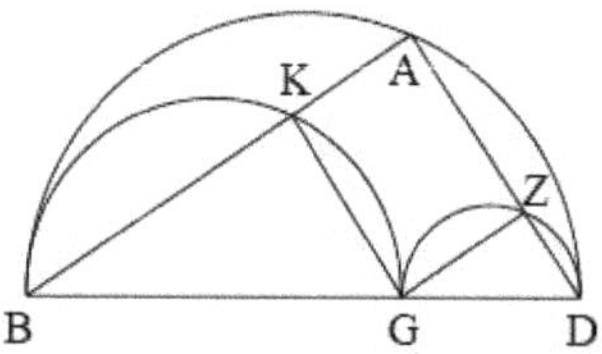

Luego BG parece igual a BD. Y, de la misma manera, también BD parece igual a GD, cuando los ojos están situados sobre los semicírculos BAD y GZD.

Hay, por lo tanto, ciertos lugares donde dos objetos de tamaño desigual, cuando están en contacto, juntos parecen iguales que cada uno de los objetos desiguales.

PROPOSICIÓN 48

Hallar lugares desde los cuales un objeto de igual tamaño parecerá la mitad o una cuarta parte del tamaño, o en general, de un tamaño proporcional al corte del ángulo.

Sea AZ igual a BG, e inscríbase en torno a AZ un semicírculo, y dibújese en él el ángulo recto K; y sea BG igual a AZ, y en torno a BG inscríbase un arco que contenga la mitad del ángulo de K. De manera que el ángulo K es el doble que el ángulo D.

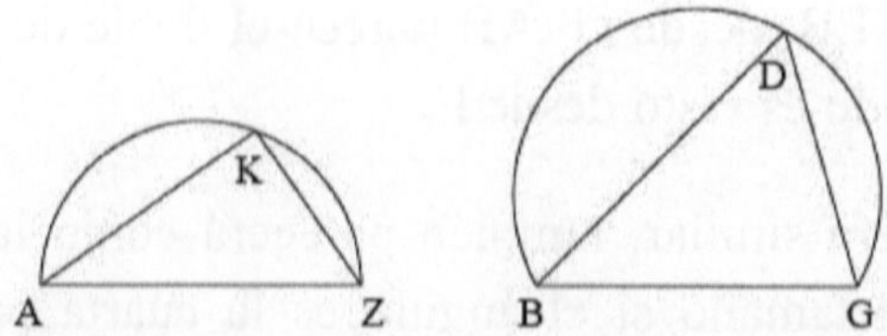

Luego AZ parece del doble de tamaño que BG, cuando los ojos están sobre los arcos AKZ y BDG.

PROPOSICIÓN 49

Sea AB un objeto visto. Digo que hay lugares donde el ojo se puede situar y el mismo objeto parece a veces a mitad de tamaño, a veces a tamaño completo, a veces a un cuarto de su tamaño, y en general a una proporción dada.

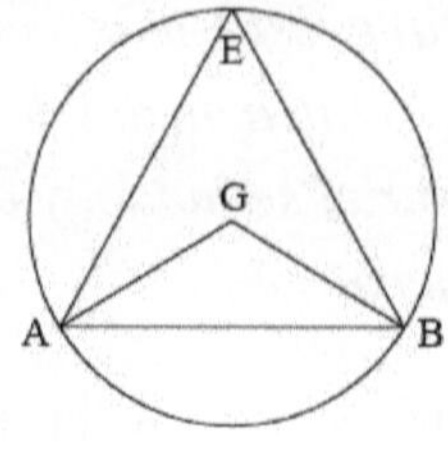

En torno a AB inscríbase el círculo AEB, de manera que AB no sea el diámetro, y tómese el centro del círculo y sea G, sobre el cual esté situado el ojo, y trácense las líneas rectas AG y GB. De esta manera, AB se ve bajo el ángulo AGB.

Ahora, esté situado el ojo sobre la circunferencia del círculo y esté indicado con E, e incidan los rayos EA y EB. Ahora, como el ángulo AGB es el doble que el ángulo AEB, desde G, AB parece el doble de tamaño que cuando es visto desde E.

De manera similar, también parecerá como la cuarta parte del tamaño si el ángulo es la cuarta parte del ángulo mayor, y [sucederá siempre lo mismo] en la proporción dada.

PROPOSICIÓN 50

Si unos objetos se mueven con la misma velocidad, y tienen sus extremos al mismo lado de una línea recta que forma ángulos rectos con su trayectoria, conforme avanzan hacia una línea trazada a través de la cual se sitúa el ojo, que es paralela con la línea recta antes mencionada, el que está más lejos del ojo parecerá estar delante del que está más cerca, pero cuando hayan traspasado [la línea media de visión], el que iba primero parecerá ser el segundo, y el que iba segundo parecerá ir el primero.

Muévanse BG, DZ y KA a la misma velocidad, teniendo sus extremos G, Z y A del mismo lado de la línea recta GA, que forma ángulos rectos con sus trayectorias, y desde el ojo M, trácese ML paralela a GA, y trácense MG, MZ y MA. Así, BG parece que es el que precede y KA el que le va siguiendo, por el hecho de que, de los rayos incidentes desde el ojo, MG, que lleva hacia G, parece haber divergido [hacia la derecha] más que los otros rayos. Por lo tanto, BG parecerá ir el primero de los objetos en movimiento, como se ha dicho.

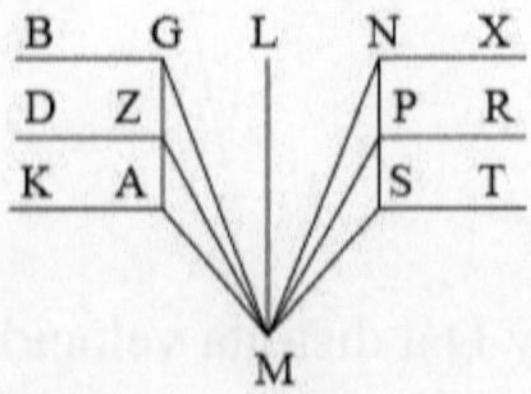

Pero cuando BG, DZ y KA superan [la línea media de visión LM], y pasan a ser NX, PR y ST, incidan los rayos MN, MP y MS. Así, NX parece que se ha movido en la dirección de N [es decir, hacia la izquierda], porque el rayo MN ha divergido hacia N más que los otros rayos; y ST se ha movido en la dirección de T [es decir, hacia la derecha], porque también MS ha sido desviado hacia T más que los otros rayos.

Por lo tanto, cuando BG, que parecía ir el primero, se ha transformado en NX, parecerá que va siguiendo, pero cuando KA, que parecía ir siguiendo a los otros, se ha transformado en ST, parecerá que va el primero.

PROPOSICIÓN 51

Si, cuando varios objetos se mueven a velocidades diferentes, el ojo también se mueve en la misma dirección, algunos objetos, que se mueven con la misma velocidad que el ojo, parecerán estar fijos, otros, que se mueven más despacio, parecerán moverse en la dirección opuesta, y otros, que se mueven más rápidamente, parecerán ir los primeros.

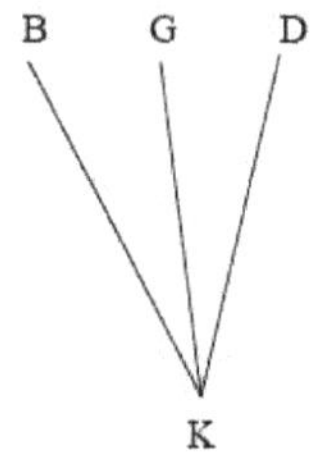

Muévanse B, G y D a distinta velocidad, y muévase B más despacio, y G a la misma velocidad que el ojo K, y D más deprisa que G. Y desde el ojo K, incidan los rayos KB, KG y KD. Así, al moverse G con el ojo, parecerá que está fijo, y B, al ser dejado atrás, parecerá que se mueve en la dirección contraria, y D, que se mueve más deprisa que ellos, parecerá que se mueve hacia delante; porque estará a mayor distancia de ellos.

PROPOSICIÓN 52

Si, cuando se mueven ciertos objetos, uno resulta obvio que no se mueve, el objeto que no se mueve parecerá moverse hacia atrás.

Muévanse B y D, y permanezca fijo G, e incidan desde el ojo los rayos ZB, ZG y ZD. Así B, al moverse, estará más cerca de G, y D, al apartarse, estará más lejos.

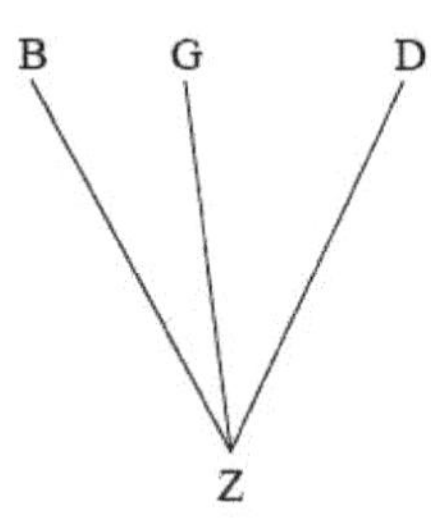

Por lo tanto, parecerá que G se mueve en dirección contraria.

PROPOSICIÓN 53

Cuando el ojo se mueve más cerca del objeto visto, el objeto parecerá crecer más.

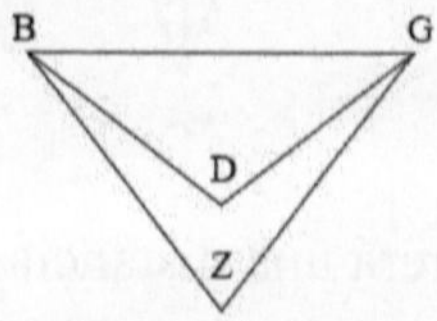

Para el ojo estando en Z, véase BG con los rayos ZB y ZG, y muévase el ojo más cerca de BG, y esté situado en D, y véase el mismo objeto bajo los rayos DB y DG.

Así, el ángulo D es mayor que el ángulo Z; y los objetos vistos bajo un ángulo mayor parecerán mayores[65].

Por lo tanto, BG parecerá que es más grande cuando el ojo está en D, que cuando está en Z.

PROPOSICIÓN 54

Cuando los objetos se mueven con la misma velocidad, los más lejanos parecen moverse más despacio.

---

[65] Según la Definición 4.

Muévanse B y K a la misma velocidad, y desde el ojo A, trácense los rayos AG, AD y AZ. Así, B tiene rayos más largos trazados desde el ojo que K.

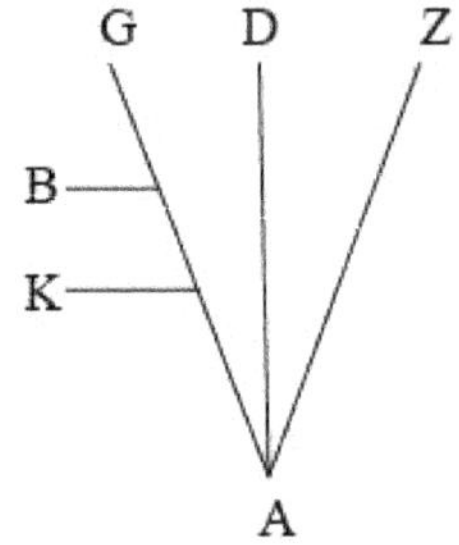

Por lo tanto, recorrerá una distancia mayor, y después, al traspasar la línea media de visión [AD], AZ parecerá moverse más despacio.

Anexo

Muévanse dos puntos A y B sobre líneas rectas paralelas, y sea Z el ojo, desde el cual incidan los rayos ZA, ZB, ZE y ZD.

Digo que el objeto más lejano A, parece moverse más despacio que B.

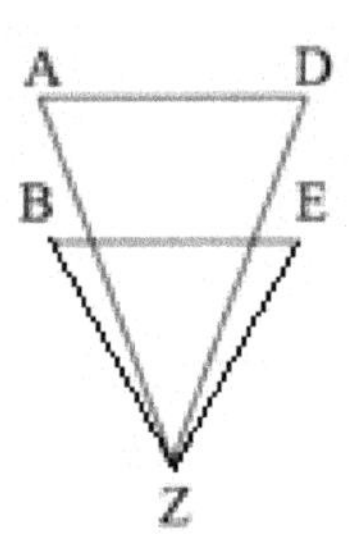

Porque, como AZ y ZD tienen un ángulo menor y ZB, BE parece mayor que AD. […][66].

Por lo tanto, si extendemos el rayo ZE en una línea recta, como en el caso de los objetos moviéndose a la misma velocidad, B alcanza el rayo ZE más tarde que los objetos moviéndose con la misma velocidad, los objetos más lejanos parecen moverse más lentamente.

Anexo

Muévanse a la par dos puntos A y B sobre las líneas rectas paralelas AD y BE; recorrerán las mismas distancias en el mismo tiempo.

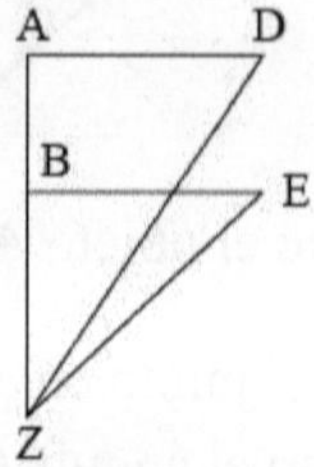

Sean AD y BE distancias iguales, y desde el ojo Z, incidan los rayos ZA, ZD, ZB y ZE. Ahora, como el ángulo AZD es menor que el ángulo BZE, la distancia AD parecerá menor que la distancia BE[67].

De modo que parecerá que A se mueve más lentamente.

---

[66] A continuación, vuelve a aparecer un trozo ilegible en la versión en griego original.
[67] Según la Definición 4.

PROPOSICIÓN 55

Si el ojo permanece inmóvil, mientras los objetos vistos se mueven, el más lejano de los objetos vistos, parecerá que es dejado atrás.

Sean A y G los objetos vistos, situados sobre las líneas rectas AB y GD, y sea E el ojo, desde el cual incidan los rayos EG, ED, EA y EB.

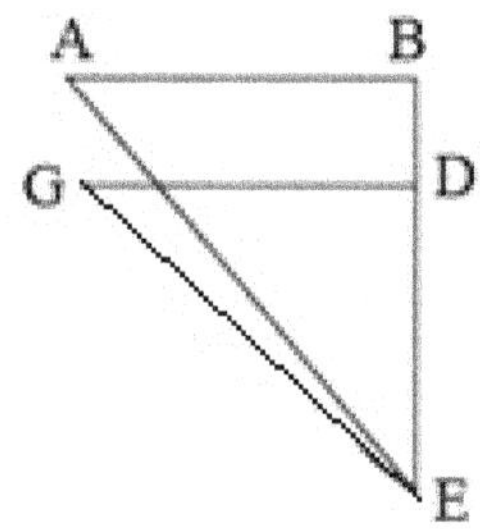

Digo que parecerá que el objeto A es dejado atrás.

Extiéndase ED hasta el punto en el que se une con AB, y sea EB. Ahora, como el ángulo GED es mayor que el ángulo AEB, la distancia GD parece mayor que AB[68].

De manera que, si el ojo permanece en E, los rayos, al moverse en la dirección de A y G, G parecerá alcanzar A y moverse más deprisa.

Por lo que parecerá que AB es dejado atrás.

---

[68] Según la Definición 4.

PROPOSICIÓN 56

Los objetos que crecen en tamaño parecerán acercarse al ojo.

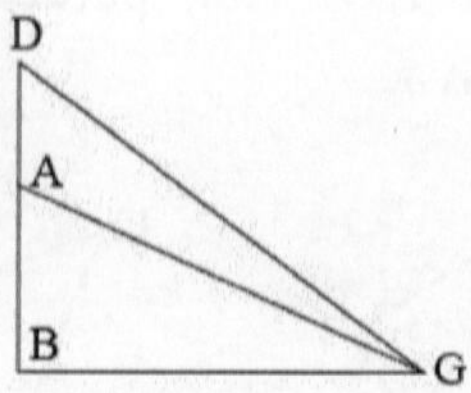

Represente AB el tamaño de un objeto visto, y sea G el ojo, desde el cual incidan los rayos GA y GB. Y aumente BA y sea BD, e incida el rayo GD. Ahora, como el ángulo BGD es mayor que el ángulo BGA, BD parecerá mayor que BA. Pero las cosas de las que se piensa que son mayores que sí mismas parecen crecer[69], y las cosas más próximas al ojo parecen mayores.

Por lo tanto, los objetos que aumentan de tamaño parecerán acercarse al ojo.

PROPOSICIÓN 57

Cuando los objetos están colocados a la misma distancia sin que sus extremos estén en línea recta con

[69] Aquí introduce Euclides, por primera y única vez a lo largo de todo el libro, el punto de vista subjetivo del observador no estando sometido éste a las leyes de la perspectiva, sino a factores de carácter más psicológico (lo que "piensa" que es el tamaño del objeto). Por eso dice que este pensar en el tamaño también influye en el tamaño percibido.

su parte media, esto hace la figura completa a veces cóncava, a veces convexa.

Véase GBD estando el ojo situado en K, e incidan los rayos KG, KB y KD. Así, parecerá que la figura completa es cóncava.

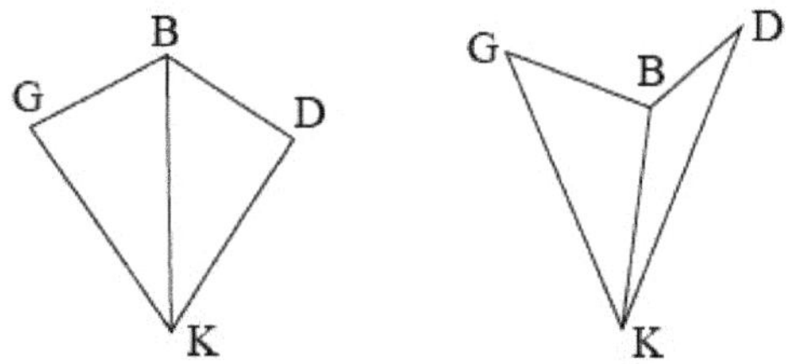

Muévase ahora lo que se ve en la parte media y esté situado más cerca del ojo. Parecerá que DBG es convexo[70].

PROPOSICIÓN 58

Si desde el punto de contacto de los diámetros de un cuadrado se traza una recta perpendicular, y se pone el ojo en ella, los lados del cuadrado parecerán iguales y los diámetros parecerán también iguales.

---

[70] Euclides no realiza una demostración de esta percepción. El hecho de que se perciban como cóncavas o convexas, si el ojo está en el mismo plano, entra en contradicción con la Proposición 22 de este mismo libro. Algunos autores han sugerido que esta Proposición y la siguiente son un añadido posterior a la obra de Euclides (Ortíz García, 2000).

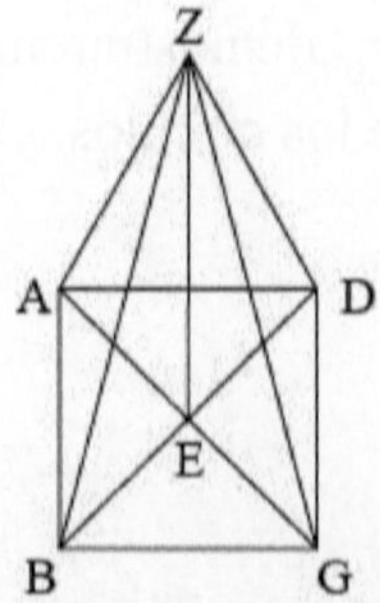

Sea ABGD un cuadrado y dibújense las diagonales DB y GA, y desde E trácese la línea recta EZ perpendicular con el plano. Sobre esta línea, Z esté indicando la posición del ojo, e incidan los rayos ZA, ZB, ZG y ZD. Ahora, como DE es igual a EG, y EZ es común a ellas, y los ángulos son rectos, la base ZG es igual a la base DZ, y de los ángulos de la base son iguales aquellos que subtienden lados iguales. Por lo que el ángulo EZG es igual al ángulo EZD. Así, EG parecerá igual a ED. Del mismo modo, también el ángulo AZE es igual al ángulo BZE. Por lo tanto, AG parecerá igual a BD. De nuevo, como GZ es igual a ZB, pero también AB lo es a GD, los tres son iguales a los otros tres, y un ángulo igual a otro ángulo.

Por lo que un lado parecerá igual al otro, y también los restantes lados parecerán iguales.

Pero si se dibuja una línea desde el ojo hasta el punto de contacto de los diámetros, y no es perpendicular con el plano, o igual a cada una de las rectas trazadas desde el punto de contacto hasta los ángulos del cuadrado, y si no forma con ellas ángulos iguales, los diámetros parecerán desiguales.

De manera similar, demostraremos que sucede lo mismo en el caso de los círculos.

Bibliografía

Cortés Gallego, J. (1994). *El número pi. Un problema clásico.* Sevilla: Servicio de Publicaciones de la Universidad de Sevilla.

Euclides. (1774). *Los seis primeros libros, y el undécimo, y el duodécimo de los Elementos de Euclides.* Madrid: Joachin Ibarra.

Heath, T. (1956). *Euclid. The Thirteen Books of The Elements.* Nueva York: Dover Publications.

Levi, B. (2003). *Leyendo a Euclides.* Buenos Aires: Libros del Zorzal.

Ortíz García, P. (2000). *Biblioteca Clásica Gredos 277. Aristóteles: Sobre las Lineas Indivisibles, Mecánica. Euclides: Óptica, Catadrióptica, Fenómenos.* Madrid: Editorial Gredos.

Pla i Carrera, J. (2012). *La definición de los axiomas de la geometría.* . Barcelona: RBA.

www.ingramcontent.com/pod-product-compliance
Ingram Content Group UK Ltd.
Pitfield, Milton Keynes, MK11 3LW, UK
UKHW021245031026
15588UKWH00001B/263

9 788412 071535